商管全華圖書叢書 BUSINESS MANAGEMENT

成本與管理會計(二)

Cost and Managerial Accounting

陳育成、李超雄、張允文、陳雪如　編著

第 2 版

國家圖書館出版品預行編目資料

成本與管理會計(二) / 陳育成等編著. - - 二版. -
- 新北市：全華.
　2019.06
　　面　；　公分
　參考書目：面
　ISBN 978-986-503-163-3(平裝)
　1.成本會計　　2.管理會計
495.71　　　　　　　　　　　108009484

成本與管理會計(二)(第二版)

作者 / 陳育成、李超雄、張允文、陳雪如

發行人 / 陳本源

執行編輯 / 鄭皖襄

封面設計/ 簡邑儒

出版者 / 全華圖書股份有限公司

郵政帳號 /0100836-1 號

印刷者 / 宏懋打字印刷股份有限公司

二版一刷 / 2019 年 6 月

圖書編號 / 0810201

定價 / 新台幣 300 元

ISBN / 978-986-503-163-3(平裝)

全華圖書 / www.chwa.com.tw

全華網路書店 Open Tech / www.opentech.com.tw

若您對書籍內容、排版印刷有任何問題，歡迎來信指導 book@chwa.com.tw

臺北總公司(北區營業處)
地址：23671 新北市土城區忠義路 21 號
電話：(02) 2262-5666
傳真：(02) 2262-0052、2262-8333

中區營業處
地址：40256 臺中市南區樹義一巷 26 號
電話：(04) 2261-8485
傳真：(04) 2261-6984

南區營業處
地址：80769 高雄市三民區應安街 12 號
電話：(07) 381-1377
傳真：(07) 862-5562

版權所有・翻印必究

學習成本與管理會計，目的是希望能在實務上活用，因為企業經理人平常面對諸多管理決策，在在需要攸關、及時的資訊，以提升決策品質。這本書融合了成本會計與管理會計兩部分的知識與實例應用，讀者若能融會貫通這些知識，融入管理情境與思維，必能提供高品質的資訊給經理人，提升企業競爭力。

延續上一版的精神，本次改版將原有的二十章精簡為十七章，目的是讓讀者更有效率學習，除個案內容改寫外，各章內容、習題等在這一版均有大幅的整合或加強。這一版的章節涵蓋成本與管理會計所有的主題，適合商、管學院學生修習一學年(兩學期)的教材，若是一學期的課，授課教師可以斟酌刪除部分章次，讓學生對成管會仍可有一整體性的認識。

本書欲以較淺顯易懂之字語，精準表達成本與管理會計的觀念與意涵，輔以實際案例協助讀者理解，而每章結束後所附的習題，多選自各級考試題目，能讓讀者反覆練習課文中的觀念、提升學習成效。本書四位作者均擁有國內外著名大學會計或管理學博士學位，均有多年教學經驗，平時除了在大學講授相關課程外，也都有輔導產業界推導管理制度的經驗，書中許多案例其實是從實際發生的個案加以改寫。

感謝全華圖書公司工作團隊的用心，因為他們專業與協助，讓這本書的整體設計與編排更臻完美。本書作者雖力求無誤，但時間匆促，恐仍有疏失訛誤之處，尚祈各方先進及讀者不吝指正，幸甚。

陳育成、李超雄、張允文、陳雪如　謹識

中華民國 108 年 6 月於台中市

序言

　　成本與管理會計是會計專業養成的重要核心課程之一，這門課最重要的目的，在於讓學習者能提供經理人攸關、及時的資訊，以提升決策品質。這本書融合了成本會計與管理會計兩部分，除了要學習成本累積、分攤等傳統上屬於成本會計的知識外，更要將這些會計知識融入管理情境，才能提供高品質的資訊給經理人，這是屬於管理會計的範疇。

　　本書的四位作者均擁有國內外著名大學的會計或管理博士學位，並擁有多年的教學經驗，平時除了在大學講授會計相關課程外，也都有多年輔導產業界推行成管會制度的經驗。為了讓讀者能盡可能融入實際管理情境，本書力求深入淺出外，並輔以實務案例協助讀者瞭解重要觀念。

　　在內容的安排上，章節均涵蓋成本與管理會計所有的主題，適合商、管學院學生修習一學年、兩學期的教材，若為一學期的課程，授課教師可以斟酌刪除部分章次，仍可對成管會作一整體性的介紹。本書欲以較淺顯易懂之字語，精準表達成本與管理會計的觀念與意涵，輔以實際案例協助讀者理解，而每章結束後所附的習題，能讓讀者反覆練習課文中的觀念、提升學習成效。

　　本書能如期完稿，須感謝全華圖書的工作團隊，因為他們專業與用心的協助，讓這本書的整體設計與編排更臻完美。本書作者雖力求無誤，但時間匆促，仍恐有疏失訛誤之處，尚祈各方先進及讀者不吝指正，幸甚。

陳育成、李超雄、張允文、陳雪如　謹識

中華民國九十九年三月於台中市

目次

CONTENTS

目次

Chapter 17 策略、管理控制系統、績效衡量

CHAPTER 10

部門間的成本與收入之分攤

學習目標 讀完這一章，你應該能瞭解

1. 部門間成本分攤的用意。
2. 成本分攤的考量。
3. 單一費率與雙重費率的差異。
4. 三種支援部門分攤成本的方法：直接分攤
   法、逐步分攤法、相互分攤法。
5. 共同成本與收入的分攤。

引言

瑞展公司產品頗受市場好評，因此銷售狀況堪稱穩定。該公司能製造品質優良的產品，除了靠製造部門的品管與技術外，還須支援部門（例如：人事、財務、資訊系統等部門）的協助始能達成。最近公司內部的支援部門質疑成本分配的合理性，與營運部門有意見的衝突。因此，會計長必須想出辦法，讓這些支援部門所耗費的成本可以公平、合理地分攤到產品上。然而，該公司製造部門強勢主導了成本分攤的模式。財務部范經理認為應建立公平、合理的分攤機制以求各支援部門能合理分攤費用至製造部門以使產品能被合理訂價。為了平息支援部門對於成本分攤的歧見，瑞展公司必須找到一個足以說服營運部門與其他支援部門的分攤方法。

10-1 部門間成本分攤的用意

通常在企業的內部組織大致分成兩種類型的單位：執行單位（line positions）及幕僚單位（staff position）。執行單位即是企業的營運部門，例如：生產、製造部門，而幕僚單位則是企業的支援部門，例如：會計與財務部門、人事部門、資材部門、資訊系統部門及維修部門等。由於支援部門多以其功能性區分，因此又稱為功能性部門（functional department）。

以瑞展公司為例，傳動事業部有三個廠：嘉義廠、中科廠及大里廠，此為瑞展公司的營運單位；輔助或支援營運單位的部門有行銷業務部門、人力資源部、資訊技術支援部、研究發展部、財務部及資材管理部等。企業中的營運部門主導了企業創造價值，而支援部門則是輔佐企業價值的創造。若以製造業而言，企業的營運部門從事生產與製造，而會計與財務、人事、資材、資訊系統等部門對營運部門提供服務，以利營運部門有效地製造產品。企業為了提升效能以製造產品，必須輔以各項支援部門的服務始能達成。因此，這些支援部門提供的服務所發生的費用須有系統地分攤到營運部門，再分攤至產品上。此為部門間成本分攤的用意所在。

通常分攤的程序是，首先將支援部門的成本分攤到營運部門（此為分攤的第一階段），其次再由營運部門分攤到產品或服務的標的中（此為分攤的第二階段）。

　　企業內部組織中支援性部門所耗費的成本有系統地分攤到營運部門再分攤至產品，有助於產品的正確定價。此外，承接政府的工程或計畫的合約中，也有成本分攤的問題。與政府的合約中，大致分為兩種：固定價格合約與成本加成合約。前者係指簽定合約的雙方決議以某固定價格作為採購價格的合約；而後者係指採購商允許製造商以成本加成方式決定其採購價格的合約。與製造商訂定固定價格合約的採購商而言，製造商內部成本分攤的公平與否，採購商並不在意。採購商在意的是，當採購商與製造商訂定「成本加成合約」時，採購商必須謹慎審視製造商對於內部成本分攤的方式與結果。因為製造商成本分攤的合理與否，將決定採購價格的高低。對此，採購商通常需與製造商訂立成本分攤的規則以防止製造商恣意地分攤支援部門（服務部門）的成本。

> **專有名詞**
>
> **固定價格合約**
>
> 簽定合約的雙方決議以某固定價格作為採購價格的合約。

> **專有名詞**
>
> **成本加成合約**
>
> 指採購商允許製造商以成本加成方式決定其採購價格的合約。

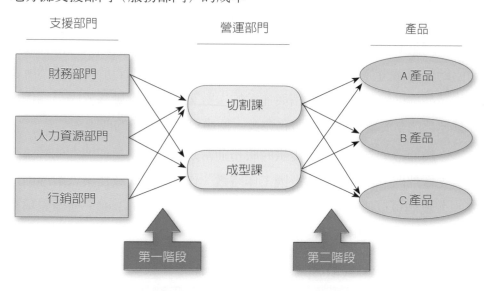

圖 10-1 支援部門之服務成本分攤

　　基本上，將支援部門的服務成本（製造費用）分攤到營運部門的帳務處理方式為：

　　　　製造費用－營運部門 1　　　　ＸＸＸＸ
　　　　製造費用－營運部門 2　　　　ＸＸＸＸ
　　　　　　製造費用－支援部門 1　　　　　　ＸＸＸＸ
　　　　　　製造費用－支援部門 2　　　　　　ＸＸＸＸ

10-2 成本分攤的考量

前一節提到成本分攤時，應講求公平與合理。因此在分攤成本的過程中，首先面臨到的就是分攤成本的基礎、再者是支援性部門分攤到營運部門的先後順序。而分攤的成本是總額成本，還是只分攤變動成本，以及要分攤預估成本還是實際發生成本等問題，也是必須考量。最後，則是要決定是分攤預估的成本金額（預算）還是分攤實際發生的成本。

一、分攤基礎的選擇

將支援部門的成本分攤至各營運部門的方式有很多種，例如：財務部門人員幫助營運部門計算產品的成本與利潤時所耗用的時間及次數、人力資源部門幫助營運部門人員的教育訓練的時數及次數、資訊及技術支援部門協助營運部門管理資訊的時數與次數、資材管理部門對於營運部門所生產的產品提供儲存的空間面積與運送的次數等。原則上應基於因果關係，即營運部門享受支援部門的服務愈多，便應該分攤愈多的成本。

一般而言，支援部門所提供的服務通常是人力的支援或問題的解決。這些支援部門所耗費的成本多因工作時數、作業人數，或作業次數等而造成的，我們可以依據這些作業量作為分攤基礎。表 10-1 中，列舉幾項有關支援部門可能運用的分攤基礎與衡量基準。

表 10-1 支援部門之成本分攤的選擇

服務部門	分攤基礎（成本動因）	衡量基準
財務部門	工作時數	$ / 小時
	作業人數	$ / 人次
	作業次數	$ / 次
人力資源部門	訓練時數	$ / 小時
	訓練人數	$ / 人次
	訓練次數	$ / 次
資訊及技術支援部門	資訊管理時數	$ / 小時
	資料救援（資料備份）次數	$ / 次
	報表列印張數	$ / 張
資材管理部門	空間面積	$ / 平方公尺
	運送次數	$ / 次

二、支援部門分攤成本的先後順位

隨著企業組織的日漸龐大，企業內部的支援部門也隨之增多。在成本分攤的過程中，必須要有一些準則，例如：支援部門分攤成本的先後順位、支援部門是否有相互服務的問題等。

有關支援部門的成本分攤方法有三種 (1) 若支援部門間無相互分攤成本而直接對營運部門做分攤，稱之為直接分攤法（direct allocation method）。(2) 若欲將支援部門也分攤至其他支援部門，可採逐步分攤法（或階梯式分攤法）（step allocation method）。此法依序將支援部門的成本分攤至其他所有的支援部門與營運部門，但分攤給其他部門者，便不再吸收其他支援部門的成本。(3) 若支援部門間有相互分攤成本，須先訂出各支援部門彼此分攤對方成本的比例，才能計算出各支援部門經相互分攤後的成本總額，由此成本總額再分攤到營運部門去，此稱之為相互分攤法（reciprocal allocation method）。此將於第三節中再詳細討論成本分攤的過程。

> **專有名詞**
> 支援部門的成本分攤方法：
> 直接分攤法、逐步分攤法、相互分攤法。

三、依成本習性的分攤

在成本分攤過程中，是否也須考量成本的習性（cost behavior）？在第 3 章中探討了成本習性的問題。成本依習性分類，大致可分為變動成本（variable cost）與固定成本（fixed cost）。變動成本會隨作業量的增加而增加，而固定成本並不隨作業量的增加而有所增減。若公司將支援部門的所有成本彙集至單一的成本庫，以單一分攤基礎分攤此成本到產品時，此稱為單一費率成本分攤法（single-rate cost-allocation method）；若公司將支援部門的成本習性分類為固定與變動，進一步用不同的分攤基礎分攤固定成本與變動成本到產品時，此稱為雙重費率成本分攤法（dual-rate cost-allocation method）。

四、依預計用量或實際用量分攤成本

究竟依預計用量（budgeted volume）還是實際用量（actual volume）來分攤支援部門的服務成本呢？考量此問題時，須釐清支援部門的服務成本是以營運部門的「需求量（預計使用量）」還是「使用量（實際使用

量）」作為成本分攤的基礎。若支援部門以營運部門的使用量做為分攤基礎，則是以實際用量所設算出的比率（稱之實際分攤率）作為分攤成本的依據；反之，若支援部門以營運部門的需求量做為分攤基礎，則是以預計用量所設算出的比率（稱之預計分攤率）作為分攤成本的依據。由於產能水準[1] 的不同，預計成本率或實際成本率的計算也有差異。

假設 20X1 年度瑞展公司資材管理部門對營運部門的服務狀況如下：

資材固定成本	$200,000
預計單位變動成本	$15 / m²
資材總面積（資材理論可使用空間）	25,000 m²
資材可使用空間（資材實際使用空間）	20,000 m²
切割課預計使用空間	12,000 m²
成型課預計使用空間	8,000 m²
切割課實際使用空間	10,000 m²
成型課實際使用空間	6,000 m²

(一) 以資材可使用面積（正常產能）作為成本分攤基礎

1. 單一費率下的成本分攤

   經固定成本與變動成本合計後，設算出單一的成本費率，用此單一費率進行支援部門的成本分攤方法稱之為單一費率的成本分攤。以瑞展公司資財管理部門為例：

實際使用空間	20,000 m²
預計固定成本率（$200,000÷20,000 m²）	$10 / m²
預計變動成本率	$15 / m²
總分攤成本（$200,000+$300,000）	$500,000
單一成本費率（$500,000÷20,000 m²）	$25 / m²

   在單一費率下，固定成本與變動成本合計後，依總預計空間使用面積 20,000 m²（12,000 m² + 8,000 m²）計算出單一的費率。此費率分攤的基礎是以營運部門預計使用空間作為分攤基準。因此單一費率為每平方公尺 $25。此時，切割課實際使用空間僅 10,000 平方公尺，成型課實際使用空間為 6,000 平方公尺。因此，資材部門分攤成本到此兩部門的成本如下：

---

1 產能水準可分為理論產能（Theoretical capacity）、實際產能（practical capacity）、正常產能（normal capacity）與主要預算產能（master-budget capacity）。

分攤至切割課之成本（10,000 m² × $25）　　　　$250,000

分攤至成型課之成本（6,000 m² × $25）　　　　$150,000

少分攤資材部門之固定成本（4,000 m² × $10／m²）　$40,000

由於實際使用量少於預計使用量，因此造成少分攤的固定成本有 $40,000，公司可依合理的方式（例如，再依實際使用比）將此一金額分配至切割課及成型課。

2. 雙重費率下的成本分攤

若分別使用固定成本費率與變動成本費率分攤成本者，稱之雙重費率之成本分攤。固定成本費率通常是以部門間事先約定的使用空間（預計使用量）為分攤基礎計算而得。例如：資材租金費用、管理人員的薪資等，資材部門的固定成本並不因營運部門實際利用資材空間的多寡而有差異，而是以營運部門當初的預估的資材使用空間來核算應分攤的成本額度。因此固定成本費率是以預計使用量作為分攤基礎。因此，切割課應分攤資材部門 $120,000 的固定成本，而成型課應分攤資材部門 $80,000 的固定成本。

變動成本的發生需視營運部門的實際使用量而定，所以變動成本費率的計算是以營運部門的實際使用量進行分攤。因此，切割課實際使用 10,000 平方公尺，所以該部門須分攤資材部門 $150,000 的變動成本；成型課實際使用 6,000 平方公尺，所以須分攤資材部門 $90,000 的變動成本。兩營運部門分攤的成本總額如下：

> 變動成本的發生需視營運部門的實際使用量而定，所以變動成本費率的計算是以營運部門的實際使用量進行分攤。

分攤至切割課之成本（$120,000 + 10,000 m² × $15／m²）　$270,000

分攤至成型課之成本（$80,000 + 6,000 m² × $15／m²）、　$170,000

少分攤資材部門之固定成本　　　　　　　　　　　　$0

（二）以資材總面積（理論產能）作為成本分攤基礎

1. 單一費率下的成本分攤

以資材總面積作為單一費率的計算時，費率的計算是以資材的理論空間（總面積）作為計算基準。因此，計算後的預計成本費率（＝預計固定成本費率 ＋ 預計變動成本費率）為每平方公尺 $23。

總使用空間	25,000 m^2
預計固定成本率（$200,000÷25,000 m^2）	$8 / m^2
預計變動成本率	$15 / m^2
單一成本費率（$8+$15）	$23 / m^2

此時，切割課實際使用空間僅 10,000 平方公尺，成型課實際使用空間為 6,000 平方公尺。因此，資材部門分攤成本到此兩部門的成本如下：

分攤至切割課之成本（10,000 m^2×$23 / m^2）	$230,000
分攤至成型課之成本（6,000 m^2×$23 / m^2）	$138,000
少分攤資材部門之固定成本 [(25,000 m^2－16,000 m^2)×$8 / m^2]	$72,000

同樣地，此 $72,000 少分攤固定成本，最終仍應依合理的方式，分攤至兩個營運部門。

2. 雙重費率下的成本分攤：

總空間	25,000 m^2
預計固定成本費率（$200,000÷25,000 m^2）	$8 / m^2
預計變動成本費率	$15 / m^2

在雙重費率下，固定成本費率與變動成本費率是分別計算的。固定成本費率通常以部門間事先約定的額度作為分攤基礎，也就是預計的使用狀況作為分攤基礎。因此固定成本費率是以預計使用量作為分攤基礎。變動成本則是視營運部門的實際使用量而定，所以變動成本費率的計算理當以營運部門的實際使用量作為分攤基礎。

因此，切割課預計使用空間為 12,000 平方公尺，因而分攤資材部門 $96,000（12,000 m^2 × $8）的固定成本；成型課預計使用空間為 8,000 平方公尺，因而分攤其固定成本 $64,000（8,000 m^2×$8）。另一方面，切割課實際使用 10,000 平方公尺，故分攤資材部門 $150,000 的變動成本；成型課實際使用 6,000 平方公尺，故分攤了資材部門 $90,000 的變動成本。兩營運部門分攤的成本總額如下：

分攤至切割課之成本（12,000 m^2 × $8 /m^2 + 10,000 m^2 × $15 /m^2）	$246,000
分攤至成型課之成本（8,000 m^2 × $8 /m^2 + 6,000 m^2 × $15 /m^2）	$154,000
少分攤資材部門之固定成本：（25,000 m^2– 20,000 m^2）× $8 /m^2	$40,000

在計算支援部門的服務成本分攤率時，採用的是營運部門預計使用量。然而，將支援部門的服務成本分攤到營運部門時，則是以營運部門實際使用量進行分攤。因此，若營運部門的期初預計使用量與期末

實際使用量有差異時，支援部門將其固定成本分攤到營運部門時，將發生實際耗用產能小於預計產能，而有少分攤或未分攤的情形。這些少分攤或未分攤的成本仍應以合理的方式由兩個營運部門吸收或轉至當期的銷貨成本。

以單一費率成本法分攤支援部門的成本，有模糊成本習性的顧慮。表 10-2 中，切割課的預計使用空間為 12,000 平方公尺，但實際使用空間才 10,000 平方公尺。資材部門的固定成本分攤是以切割課的實際使用空間作為分攤基準的話，資材部門的固定成本分攤到切割課的成本僅有 $100,000（=10,000 × $10 /m^2）。若以切割課的預計使用空間作為分攤基礎的話，資材部門的成本分攤到切割課的成本應有 $120,000（=$10×12,000）。因此產生資材部門未耗用的固定成本 $20,000。此未耗用固定成本勢必將由支援部門自行吸收。

表 10-2 預計使用空間大於實際使用空間下之固定成本分攤

部門	預計使用空間	實際使用空間	以預計空間為基礎所設算之單一固定成本費率	應分攤固定成本	實際分攤固定成本	因實際使用空間與預計使用空間之差異所造成的多（＋）或少（－）分攤固定成本
切割課	12,000	10,000	$10	$120,000	$100,000	－ $20,000
成型課	8,000	6,000		$80,000	$60,000	－ $20,000
合　計	20,000	16,000		$200,000	$160,000	－ $40,000

　　相反地，若某營運部門的預計使用空間小於實際使用空間的話，將導致該營運部門分攤較多來自於支援部門的服務成本。表 10-3 中是假設切割課實際使用 14,000 平方公尺時，由於切割課實際使用空間比預估使用空間來得多，因此致使切割課多分攤了 $20,000 的資材部門固定成本。此結果說明了兩個營運部門因為運用產能水準的不同而有不合理的分攤結果。因此，以單一費率成本法分攤支援部門的成本雖然立意明確而簡單，但就成本分攤概念而言，可能造成不合理的分攤。

以單一費率成本法分攤支援部門的成本雖然立意明確而簡單，但就成本分攤概念而言，可能造成不合理的分攤。

表 **10-3** 預計使用空間小於實際使用空間下之固定成本分攤情形

部門	預計 使用空間	實際 使用空間	以預計空間為基 礎所設算之單一 固定成本費率	應分攤 固定成本	實際分攤 固定成本	因實際使用空間與預計 使用空間之差異 所造成的多（＋）或少 （－）分攤固定成本
切割課	12,000	14,000		$120,000	$140,000	＋ $20,000
成型課	8,000	6,000	$10	$80,000	$60,000	－ $20,000
合　計	20,000	20,000		$200,000	$200,000	$0

> 以雙重費率成本法來分攤支援部門的成本是考慮成本習性的合理作法。

　　以雙重費率成本法來分攤支援部門的成本是考慮成本習性的合理作法。表 10-4 中，以預計使用空間、實際使用空間或總空間（理論空間）計算固定成本費率與變動成本費率。可以發現預計空間為分攤基礎的固定成本分攤將會有剩餘的固定成本未被分攤，此為少分攤的固定成本。由於實際產能常少於理論產能，故以理論空間作為分攤基礎必然會造成固定成本無法分攤完的現象。

表 **10-4** 雙重費率下，不同分攤基礎的固定成本分攤

假設情況	營運 部門	預計 使用 空間	實際 使用 空間	以預計使用空間 為分攤基礎的固 定成本分攤	以實際使用空間 為分攤基礎的固 定成本分攤	因實際使用空間與預計使用 空間之差異所造成的多（+） 或少（-）分攤固定成本
預計使用空間＝ 實際使用空間	切割課	12,000	12,000	$120,000	$120,000	$0
	成型課	8,000	8,000	$80,000	$80,000	$0
	合計	20,000	20,000	$200,000	$200,000	$0
預計使用空間＞ 實際使用空間	切割課	12,000	10,000	$120,000	$125,000	+$5,000
	成型課	8,000	6,000	$80,000	$75,000	-$5,000
	合計	20,000	16,000	$200,000	$200,000	$0
預計使用空間＜ 實際使用空間	切割課	12,000	15,000	$120,000	$150,000	+$30,000
	成型課	8,000	5,000	$80,000	$50,000	-$30,000
	合計	20,000	20,000	$200,000	$200,000	$0

＊ 預計空間為 20,000 平方公尺、固定成本 $200,000，故固定成本費率為 $10/ 平方公尺

　　另一方面，以實際空間作為分攤基礎的固定成本分攤時，將造成接受支援部門較多服務的營運部門需分攤較多的支援部門固定成本；相反地，接受支援部門較少服務的營運部門僅分攤較少的支援部門固定成本。如此，使用較多的營運部門除負擔應有的支援部門固定成本外，還須額外負擔因其他營運部門的減少使用而少分攤的支援部門固定成本。因此實際使用量為分攤基礎造成了營運部門間分攤成本的不公平與不合理。多分攤的營運部門將會逐漸少使用支援部門所提供的服務，可能轉而接受由外部所提供的服務。甚至將造成支援部門的產能閒置，導致全企業的經營無效率。

　　若以預計使用空間作為分攤基礎來分攤支援部門的固定成本時，可避免上述兩種情形的發生。而且以預計使用空間作為控制營運部門預算的效果是顯著的。這促使營運部門必須事先審慎評估需接受多少來自於支援部門的服務。無論事後營運部門使用的狀況多寡，營運部門必須照事前與支援部門間的約定來分攤支援部門的固定成本。固定成本不隨產能變化而變化，以預計使用空間作為分攤基礎來分攤支援部門的固定成本時，有助於營運部門對於自身產能的短期與長期的規劃。

　　綜上所述，雙重費率成本分攤法考慮了成本習性的內在特質。此外，就成本分攤的基礎而言，支援部門的固定成本及變動成本的分攤基礎應以營運部門預計使用量作為分攤基礎。而營運部門以事後的實際用量配合預計用量所產生的差額進行差異分析，以作為營運部門績效評估的重要依據。

10-3 支援部門與營運部門間的分攤

　　前一節說明了單一費率與雙重費率的成本分攤方法。此節中，將說明支援部門的服務成本分攤到營運部門的方式。一般而言，成本分攤的方式有直接法（direct Method）、逐步分攤法（step method），以及相互分攤法（reciprocal method）。為了詳細說明此三種不同的成本分攤方式，暫時將支援部門所提供的服務成本合計為單一成本，亦即此服務成本並不依成本習性而分類成固定成本與變動成本。以此三種方法來分攤瑞展公司20X1 年的支援部門的預計服務成本。

	支援部門		營運部門		
預算	資訊部門	資材部門	切割課	成型課	合計
預計成本：	$600,000	$500,000	$280,000	$420,000	$1,800,000
預計使用量：					
資訊管理時數（hr）		1,000 hr	1,600 hr	2,400 hr	5,000 hr
資材使用空間（m²）	5,000 m²		12,000 m²	8,000 m²	25,000 m²

表 10-5　20X1 年度瑞展公司支援部門的預計服務成本

一、直接分攤法

　　直接分攤法（direct allocation method）不考慮支援部門間有相互分攤問題，純粹將各個支援部門的服務成本直接分攤給營運部門。表 10-5 顯示瑞展公司有兩個支援部門：資訊部門與資材部門，此兩部門提供相關的服務給切割課與成型課等兩個營業部門。資訊部門提供系統的維修與備份的服務，該部門以提供服務的時數做爲分攤服務成本的基礎。資材部門提供營運部門的資材及搬運的服務，而該部門以提供的空間大小作爲分攤成本的基礎。

　　以直接法分攤服務成本時，營運部門預計使用系統維修與備份的服務爲 4,000 小時（1,600 hr + 2,400 hr），此外營運部門預計使用資材部門提供的資材空間共計 20,000 平方公尺（12,000 m² + 8,000 m²）。因此，營運部門接受資訊部門服務的預計成本分攤率爲每小時 $150（$600,000 ÷ 4,000 hr），接受資材部門服務的預計成本率爲每平方公尺 $25（$500,000 ÷ 20,000 m²）。以此成本率計算切割課須分攤來自資訊部門 $240,000 及資材部門 $300,000 的服務成本，成型課需分攤來自資訊部門 $360,000 及資材部門 $200,000 的服務成本。

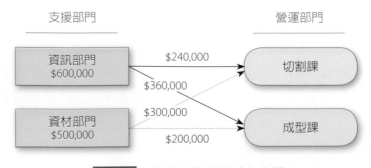

圖 10-2　直接法的服務成本分攤

表 10-6　直接法的服務成本分攤

	支援部門		營運部門		
	資訊部門	資材部門	切割課	成型課	合計
分攤前預計成本：	$ 600,000	$ 500,000	$ 280,000	$ 420,000	$ 1,800,000
資訊部門的成本分攤：	(600,000)		240,000[1]	360,000[2]	
資材部門的成本分攤：		(500,000)	300,000[3]	200,000[4]	
預算成本總額	$ 0	$ 0	$ 820,000	$ 980,000	$ 1,800,000

[1] $240,000 = $600,000×(1,600÷4,000)　　[3] $300,000 = $500,000×(12,000÷20,000)

[2] $360,000 = $600,000×(2,400÷4,000)　　[4] $200,000 = $500,000×(8,000÷20,000)

二、逐步分攤法

逐步分攤法（step allocation method）又稱梯型分攤法（step-down allocation method）、順序分攤法（sequential allocation method）。若某支援部門提供服務給其他支援部門，但此支援部門並無接受其他支援部門的服務時，即可以利用逐步分攤法來分攤服務成本。此法下，企業須決定支援部門之服務成本的的分攤順位。通常以服務其他支援部門的數量或金額來決定分攤成本的先後順位。因此，提供其他支援部門的服務最多或服務成本金額最高的支援部門為分攤的第一順位，其次則是服務次多或成本金額次高的支援部門為分攤的第二順位，依次分攤下去。故稱之為逐步分攤或順序分攤。

若依金額的大小，則表 10-5 中瑞展公司將資訊部門列為第一順位的分攤對象，因為資材部門也接受資訊部門所提供的服務，所以資材部門也部分分攤了來自資訊部門的服務成本。

以逐步法分攤服務成本時，資材部門與兩個營運部門預計使用系統維修與備份的總服務時數為 5,000 小時。因此，資訊部門服務的預計成本分攤率為每小時 $120（$120 = $600,000 ÷ 5,000 小時），分攤給資材部門、切割課及成型課各是 $120,000、$192,000 及 $288,000。另一方面，資材部門除了本身的預計成本外，還負擔了來自資訊部門的成本 $120,000，總計預計成本為 $620,000。而兩營運部門預計使用資材空間共計 20,000 平方公尺，因此資材部門的預計成本分攤率為每平方公尺 $31（$620,000 ÷ 20,000 m²）。依此成本分攤率可計算出資材部門分攤服務成本至切割課及成型課各是 $372,000 及 $248,000。

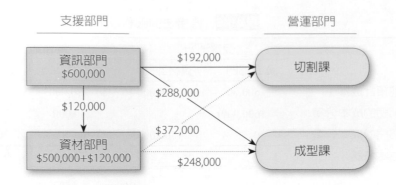

圖 10-3 逐步法的服務成本分攤

表 10-7 逐步法的服務成本分攤

	支援部門		營運部門		
	資訊部門	資材部門	切割課	成型課	合計
分攤前預計成本：	$ 600,000	$ 500,000	$ 280,000	$ 420,000	$ 1,800,000
資訊部門的成本分攤：	(600,000)	120,000[1]	192,000[2]	288,000[3]	
資材部門的成本分攤：		(620,000)	372,000[4]	248,000[5]	
預算成本總額	$ 0	$ 0	$ 844,000	$ 956,000	$ 1,800,000

[1] $120,000 = $600,000 × (1,000 ÷ 5,000)
[2] $192,000 = $600,000 × (1,600 ÷ 5,000)
[3] $288,000 = $600,000 × (2,400 ÷ 5,000)
[4] $372,000 = $620,000 × (12,000 ÷ 20,000)
[5] $248,000 = $620,000 × (8,000 ÷ 20,000)

三、相互分攤法

相互分攤法（reciprocal allocation method）承認支援部門間有互相服務的情形，因此支援部門間的服務成本須相互分攤。經由相互分攤後，各支援部門將重新計算該部門可分攤成本的總量，而由此總量重新分攤其服務成本至營運部門。

以表 10-5 為例，瑞展公司兩支援部門均有接受其它支援部門的服務，因此兩支援部門的服務成本須相互分攤。支援部門成本的相互分攤方式有兩種：反覆分攤方式與以線性方程式求解的分攤方式。

(一) 反覆分攤方式

反覆分攤方式在操作上非常簡單而直接，即先將資訊部門的服務成本依照表 10-5 中所示之使用比例分攤到資材部門（支援部門）及其他營運

部門。例如,資訊部門的服務成本分攤到資材部門、切割課及成型課的分攤比例各為 1000 / 5000、1600 / 5000 及 2400 / 5000。依此比率將資訊部門的服務成本分攤到此三個部門中。此為資訊部門的第一次分攤。接著再將資材部門的服務成本依據表 10-5 中的各部門對資材部門的使用比例分攤到資訊部門及其他營運部門。表 10-8 顯示資材部門的服務成本分攤到資訊部門、切割課及成型課的分攤比率為 5000/25000、12000/25000 及 8000/25000。此為資材部門的第一次分攤。根據兩支援部門不同的分攤比率反覆並交叉地對接受服務的部門進行分攤,直到兩支援部門的服務成本完全分攤到營運部門為止(詳見表 10-8)。

表 10-8 服務成本的反覆分攤

| | 支援部門 | | 營運部門 | | |
	資訊部門	資材部門	切割課	成型課	合計
分攤前預計成本:	$ 600,000	$ 500,000	$ 280,000	$ 420,000	$ 1,800,000
資訊部門一次分攤:	(600,000)	120,000	192,000	288,000	
		620,000			
資材部門一次分攤:	124,000	(620,000)	297,600	198,400	
資訊部門二次分攤:	(124,000)	24,800	39,680	59,520	
資材部門二次分攤:	4,960	(24,800)	11,904	7,936	
資訊部門三次分攤:	(4,960)	992	1,587	2,381	
資材部門三次分攤:	198	(992)	476	318	
資訊部門四次分攤:	(198)	40	63	95	
資材部門四次分攤:	8	(40)	19	13	
資訊部門五次分攤:	(8)	2	2	4	
資材部門五次分攤:	0	(2)	2	0	
預算成本總額	$ 0	$ 0	$ 823,333	$ 976,667	$ 1,800,000

(二) 以線性方程式求解的分攤方式

依據表 10-5 中,20X1 年度瑞展公司支援部門的預計服務成本概況得知,資訊部門預計提供資材部門有關系統維修等的服務共計 1,000 小時,而資材部門也預計提供資訊部門資材空間共計 5,000 平方公尺。因此,我們假定資訊部門本身的服務成本加上接受資材部門的服務成本後的預計服務成本總額為 SYS;同時也假定資材部門本身的服務成本加上接受資訊部

門的服務成本後的預計服務成本總額為 STR 時，可列出下列方程式：

$$SYS = \$600,000 + \frac{5,000}{25,000} STR \qquad (式 11\text{-}1)$$

$$STR = \$500,000 + \frac{1,000}{5,000} SYS \qquad (式 11\text{-}2)$$

$\dfrac{5,000}{25,000}$ STR 為資訊部門接受資材部門的服務所應分攤的服務成本，

而 $\dfrac{1,000}{5,000}$ SYS 則是資材部門接受資訊部門的服務所應分攤的服務成本。

以此兩方程式進行聯立方程式的求解可得，接受資材部門服務後的資訊部門的預計服務成本總額共計 \$729,167（SYS = \$600,000 + \$129,167），接受資訊部門服務後的資材部門的預計服務成本總額共計 \$645,833（STR = \$500,000 + \$145,833）。因此，依據分攤比例為 1000/5000、1600/5000 及 2400/5000 將資訊部門的服務成本總額 \$729,167 分攤至資材部門 \$145,833、切割課 \$233,333 及成型課 \$350,000。另一方面，依據分攤比率 5000/25000、12000/25000 及 8000/25000 將資材部門的服務成本總額 \$645,833 分攤到資訊部門 \$129,167、切割課 \$310,000 及成型課 \$206,667。（詳見圖 10-4 及表 10-9）。

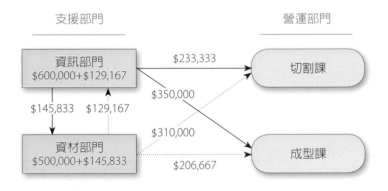

圖 **10-4** 　相互分攤法的服務成本分攤

表 **10-9** 　逐步法的服務成本分攤

	支援部門		營運部門		
	資訊部門	資材部門	切割課	成型課	合計
分攤前預計成本：	\$　600,000	\$　500,000	\$　280,000	\$　420,000	\$　1,800,000
資訊部門的成本分攤：	(729,167)	145,833	233,333	350,000	
資材部門的成本分攤：	129,167	(645,833)	310,000	206,667	
預算成本總額	\$　　　　0	\$　　　　0	\$　823,333	\$　976,667	\$　1,800,000

　　以上詳細介紹支援部門分攤服務成本至營運部門的三種方法：直接分攤法、逐步分攤法及相互分攤法。在計算上，直接分攤法最為簡單，相互分攤法最為複雜。相互分攤法考慮了支援部門間相互服務的問題。逐步分攤法則是按支援部門的重要順位依次分攤服務成本，且服務成本已分攤的支援部門將不再接受其他支援部門成本的分攤。依據不同的分攤方法，累計的營運部門製造費用總額也不同，所設算出的預計製造費率有差異。相互分攤法最為複雜，但卻是最公平合理的分攤方式。如今，企業皆有電腦輔助成本的計算，只要將分攤比率規定清楚，配合電腦的計算將不是難事。隨著電腦運用的普及，相互分攤的概念將越加受重視。

表 10-10　三種方法的預計製造費用總額比較

分攤方法	支援部門成本分攤到「切割課」之預計總製造費用	支援部門成本分攤到「成型課」之預計總製造費用
直接分攤法	$ 740,000	$ 860,000
逐步分攤法	844,000	956,000
相互分攤法	823,333	976,667

10-4　共同成本與收入的分攤

一、共同成本（common cost）的分攤

　　我們在考慮成本分攤前，首先須釐清某項成本是否可歸屬到某部門中。上述的狀況，都是將部門各自的成本明確後，才進行成本的分攤。然而，有些成本無法歸屬到某部門，或者該成本是為了提升企業整體的效益或知名度，例如：廣告、企業捐贈等。企業必須衡量各部門所受效益，在公平與合理的原則下，對這些無法歸屬至某特定部門的成本進行合理的分攤。

二、收入的分攤

　　企業為了創造較佳營收，可能會進行配套促銷的活動，以多種套裝產品方式進行銷售。這種套裝產品的銷售手法是將二種以上的產品組合在一起販售的銷售模式。基本上，套裝產品的銷售價格換算產品單位售價會比原本的產品單位售價來得低。因此，套裝產品的銷售通常可擴大營收。

由於套裝產品內容有二種以上，所以套裝產品所得的銷貨收入也必須依產品類別加以分攤。一般的作法是以產品單位售價、產品單位成本或個別產品銷貨收入作為分攤基礎。

釋 例

瑞展公司代理日本 Omron 血糖機及血糖專用試紙販售給醫院等醫療單位。瑞展公司銷售方式採兩種：(1) 套裝產品－一台血糖機與一包血糖專用試紙組合銷售；(2) 血糖機與血糖專用試紙個別銷售。20X1 年 12 月份銷售狀況如下：

	套裝產品（組）	血糖機（台）	血糖專用試紙（包）
售價	$5,000	$4,860	$540
銷貨量	1,000 組	400 台	150 包
單位成本		$3,680	$320

（一）以產品單位售價的相對權重分攤套裝產品的銷貨收入

以產品單位售價作為分攤的權數，因此 $5,000,000 的套裝產品收入分攤如下：

$$分攤至血糖機銷貨收入：\$5,000 \times \$1,000 \times \frac{4,860}{5,400} = \$4,500,000$$

$$分攤至血糖試紙銷貨收入：\$5,000 \times \$1,000 \times \frac{540}{5,400} = \$500,000$$

表 10-11 簡易損益表－以產品單位售價分攤套裝產品的銷貨收入

	血糖機	血糖專用試紙
銷貨收入：		
單一產品	$1,944,000	$81,000
套裝產品	4,500,000	500,000
銷貨成本：	(5,152,000)[1]	(368,000)[2]
銷貨毛利	$1,292,000	$213,000
銷貨毛利率	20.00%	36.67%

[1] $5,152,000 = $3,680 × 1,400　　　[2] $368,000 = $320 × 1,150

（二）以產品單位成本相對權重分攤套裝產品的銷貨收入

以產品單位成本作為分攤的權數，因此 $5,000,000 的套裝產品收入分攤如下：

分攤至血糖機銷貨收入：$\$5,000 \times \$1,000 \times \dfrac{3,680}{4,000} = \$4,600,000$

分攤至血糖試紙銷貨收入：$\$5,000 \times \$1,000 \times \dfrac{320}{4,000} = \$400,000$

表 10-12 簡易損益表－以產品單位成本分攤套裝產品的銷貨收入

	血糖機	血糖專用試紙
銷貨收入：		
單一產品	$1,944,000	$81,000
套裝產品	4,600,000	400,000
銷貨成本：	(5,152,000)	(368,000)
銷貨毛利	$1,392,000	$113,000
銷貨毛利率	21.27%	23.49%

（三）以產品個別銷售的銷貨收入分攤套裝產品的銷貨收入

以個別產品銷售的銷貨收入作為分攤的權數，因此 $5,000,000 的套裝產品收入分攤如下：

分攤至血糖機銷貨收入：

$$\$5,000 \times \$1,000 \times \frac{(\$4,860 \times 400)}{(\$4,860 \times 400 + \$540 \times 150)} = \$4,800,000$$

分攤至血糖試紙銷貨收入：

$$\$5,000 \times \$1,000 \times \frac{(\$540 \times 150)}{(\$4,860 \times 400 + \$540 \times 150)} = \$200,000$$

表 10-13 簡易損益表－以個別產品的銷貨收入分攤套裝產品的銷貨收入

	血糖機	血糖專用試紙
銷貨收入：		
單一產品	$1,944,000	$81,000
套裝產品	4,800,000	200,000
銷貨成本：	(5,152,000)	(368,000)
銷貨毛利	$1,592,000	($87,000)
銷貨毛利率	23.61%	-30.96%

三種方式所計算的銷貨毛利有所差異。若以個別產品銷售的銷貨收入作為分攤基礎的話，將造成血糖專用試紙的銷貨毛利呈現負值。儘管如此，以單位售價或個別產品的銷貨收入作為分攤基礎來分配套裝產品的收入時，考量的重點在於個別產品對利潤的貢獻程度。若產品對利潤的貢獻

大，分配較多的套裝產品的收入亦是適當。此三種方式皆可用來分配套裝產品的收入，但是管理當局還是須以利益觀點或成本觀點考量，選擇適當的分攤基礎來分攤套裝產品的收入。

成會焦點

COSTCO 賣的是信任！在 COSTCO，只要獲利超過 12%，就要寫報告「為什麼要賺這麼多」

圖片來源：COSTCO 官網

　　COSTCO 的經營模式，用白話來說，就是「讓顧客在這裡買到有價值的東西」。這句話同時包含了兩個層面，一個是產品能提供給消費者多少價值，另一個是為了這個價值消費者要付出多少價格，而每個消費行為是否產生，端賴客戶從貨架上拿下一個產品時，他認為用這個價格買這項商品，划得來還是划不來？而除了產品成本之外，零售業者訂出產品售價前還要計算的是，這個定價是否分攤了企業所有的成本與足夠的獲利，才能讓企業繼續營運下去。

　　有些企業商品的毛利可以高達 30% 到 50%，甚至超過 100%，但是 COSTCO 所謂的「為顧客創造價值」，是指讓顧客用最好的價格，買到最好的商品，因此 COSTCO 堅持在每項商品上，平均只賺 10% 到 12% 的毛利，能多賺的也不賺，比其他通路便宜很多也無所謂，盡可能地「讓利」給會員。COSTCO 的訂價策略只有一種，就是不管外面賣多貴，我們都是以進貨成本再加上 12% 做為每項商品的售價（最高無論如何都不能超過 14%）。如果某項商品的售價讓公司的獲利超過 12%，負責的同仁就必須向公司總部說明為什麼會有這個「特例」情況，若是無法說服總部，就無法以此價格販售。而這 10% 到 12% 的毛利必須包括我們所有的人事成本、營運成本、貨運倉儲以及每家店從早開到晚的所有費用，所以我們必須節省營運上看得見的每一塊錢，才能提供這樣的低價給消費者，也因為如此，在成本的估算上，我們都要精算到小數點以下三、四位。…

資料來源：《商業周刊》

問題討論

服務部門的成本分攤－逐步分攤法

瑞展公司的服務部門有財務、研發、人事及行銷部門等四個部門，外加一個生產部門。生產部門中，有多項作業流程，每項作業流程皆可視為一個小部門。而這些生產部門中的作業皆須接受上述 4 個服務部門的服務。因此，各服務部門皆將其所耗的費用分攤至生產部門中。

長期以來，瑞展公司皆採行逐步分攤方式來分攤服務部門的成本。而且首先由財務、其次為研發、再來是人事，最後為行銷部門，以此順位分攤其服務成本。在逐步分攤法下，行銷部門接受了其他服務部門的服務成本，因而行銷部門所負擔的成本也是最重。由於行銷部門承擔了較多其他部門的服務成本，所以該部門的經營績效一直處於劣勢，而黃經理也常常受到主管的叮嚀與指責。

問題一：

行銷部門的黃經理應該為行銷部門如何辯護？

問題二：

你認為何種的分攤順位較為合理？

討論：

逐步分攤法下，分攤順位的決定常常是爭議的焦點。解決之道在於視某部門服務其他部門的程度來判斷。此外，也可用服務成本的金額大小來決定分攤的順位。

本章回顧

　　本章詳細說明了支援部門的成本分攤。支援部門成本分攤的主要目的在於控制與規劃營運部門接受來自支援部門的服務所產生的成本。

　　企業在服務成本的分攤上，最好將成本分成變動成本與固定成本。依據不同的成本習性，進行雙重費率的分攤是較爲妥當的做法。其次，應以各部門預計的使用水準作爲分攤的基礎，計算出預計固定成本費率與變動成本費率。在變動成本的分攤上，考慮事前（年初）的預計使用量與事後（年底）的實際使用量的差異，以進行績效的差異分析。

　　其次，就支援部門的成本分攤方法而言，有直接分攤法、逐步分攤法與相互分攤法。以直接分攤法分攤支援部門的服務成本是簡單而清楚的作法，然而隨著支援部門相互支援的情況日益增多，在配合電腦的資訊處理下，相互分攤法將是未來分攤服務成本的主流。

　　最後，管理當局進行部門間的成本分攤時，還是須對使用分攤基礎的公平性與合理性、對部門的貢獻程度、部門的負擔能力等加以考量，始能消弭部門間歧異與對立，不致影響企業的整體績效。

本章習題

一、選擇題

( ) 1. 服務部門的成本分攤至營運部門時，若是以服務部門的實際成本予以分攤，而非以服務部門的預計或標準成本分攤，則下列敘述何者正確？

(A) 服務部門將自行承擔服務部門的不利成本差異

(B) 服務部門缺乏效率所增加的成本，將會分攤給營運部門

(C) 營運部門可以事先評估並規劃對服務部門之資源耗用

(D) 有助於公平合理地衡量各部門績效。　　　　　　　（107 高考會計）

( ) 2. 分攤服務部門成本時，相較於從需求面採「營運部門使用量」為基礎計算分攤率，若某公司是從供給面以「服務部門實際產能（practical capacity）」做為計算分攤率的基礎時，下列敘述何者正確？　①較容易導致以成本為訂價基礎的公司，其營運部門對服務部門的需求持續下降　②促使服務部門管理者注意並加強對未使用產能的管理　③服務部門未使用產能的成本會分攤到營運部門

(A) ①②　(B) ②③　(C) ①③　(D) ②。　　　　　（107 高考會計）

( ) 3. 將服務部門成本分攤至營運部門時，若公司是將服務部門成本區分為固定和變動後採雙重費率分攤，相較於採固定和變動成本合計後的單一費率，下列敘述何者正確？　①雙重費率分攤法下，固定成本分攤至營運部門時，會轉化成猶如變動成本　②一般雙重費率分攤法的執行成本較高　③雙重費率分攤法產生的資訊，較能從公司整體效益評估是否外包

(A) ①②③　(B) ①②　(C) ①③　(D) ②③。　　　（105 地特三等）

( ) 4. 保達公司在分攤服務部門費用給生產部門時，希望由服務部門績效評估的觀點來分攤成本，請問下列那一分攤方式最符合績效評估觀念？

(A) 根據標準成本分攤，並將變動成本與固定成本合併計算分攤率

(B) 根據實際成本分攤，並將變動成本與固定成本合併計算分攤率

(C) 根據標準成本分攤，並分別計算變動成本與固定成本分攤率

(D) 根據實際成本分攤，並分別計算變動成本與固定成本分攤率。

（105 會計師）

( ) 5. 以預計成本分攤服務部門的成本給使用部門，較以實際成本分攤的優點可能包括：①只需要使用一個預計的成本分攤基礎　②只需要一個成本庫　③使用部門可預先得知分攤費率，減少不確定性　④服務部門無法將無效率與浪費的成本轉嫁。上述何者正確？

　　(A) ①②　(B) ②③　(C) ③④　(D) ①④。　　　　　　　　　　（105 會計師）

( ) 6. 共同成本分攤最常使用的兩種方法為增額成本分攤法（incremental cost-allocation method）與獨支成本分攤法（stand-alone cost-allocation method），有關此二法描述，以下何者為正確？

　　(A) 增額成本分攤法下，如果有兩個以上的額外使用者共同使用設備，則需按照使用金額多寡來排序，以分攤成本

　　(B) 增額成本分攤法下，如額外使用者加入後，共同成本並未增加，則額外使用者無須分攤共同成本

　　(C) 獨支成本分攤法是將服務部門之共同成本按使用部門人工小時相對比例分攤到各部門

　　(D) 增額成本分攤法比獨支成本分攤法公平。　　　　　　（103 會計師）

( ) 7. 甲公司有三個部門，一個部門生產汽車消耗性零件，另一部門生產引擎，第三個部門則是維修卡車。三個部門皆有使用人事部門的服務。分攤人事部門成本到這三個部門最好的分攤基礎是：

　　(A) 這三個部門員工人數　　　　　　(B) 這三個部門生產產品的價值

　　(C) 這三個部門所發生的直接原料　　(D) 這三個部門所使用的機器小時。

　　　　　　　　　　　　　　　　　　　　　　　　　　　（102 普考會計）

( ) 8. 假設 A = 服務部門成本分攤，B = 生產部門成本分攤，C = 部門直接成本之彙集，D = 同成本之分攤，E = 成本之分類。分攤間接成本之適當步驟為：

　　(A) C － E － A － D － B　　　(B) C － E － D － A － B

　　(C) E － C － A － D － B　　　(D) E － C － D － A － B。　（102 高考會計）

( ) 9. 分攤服務部門成本給生產部門時，採用直接法（direct method）與相互分攤法（reciprocal method）的比較，何者正確？

(A) 兩種方法分攤給生產部門的總服務成本會一樣

(B) 後者較前者更爲著重生產部門間交互使用的服務

(C) 前者會導致生產部門耗用較多的服務，而產生服務無效率

(D) 前者所計算的服務成本較爲正確。　　　　　　　　（101 會計師）

(　　) 10. 公司採用階梯分攤法（step-down method）將服務部門成本分攤給生產部門時，下列何者正確？　①服務部門在將成本分攤出去後仍需受分攤　②依提供服務比例的順序分攤　③已部分考慮服務部門間有相互服務的事實

(A) ①②　(B) ②③　(C) ①③　(D) ①②③。　　　　　（100 會計師）

二、計算題

1. 台南公司設有第一、第二生產部門以及維修、一般事務服務部門，20X7 年 1 月該公司各部門發生之成本與使用情形資料如下：

部門別	製造費用	提供服務之比率	
		維修部	事務部
維修部	$10,000	-	20%
事務部	$19,750	35%	-
第一生產部	$30,000	15%	45%
第二生產部	$40,000	50%	35%

試作：

(1) 採用互相攤受法（同時分攤法）求算服務部門成本分攤後，第一、第二生產部門之製造費用。

(2) 編製服務部門成本分攤之分錄。　　　　　　　　　（106 高考會計）

2. 仁愛公司有甲、乙兩個服務部門，及丙、丁兩個生產部門。05 年 3 月甲部門之成本爲 $96,000、乙部門之成本爲 $54,000。甲部門之服務提供給乙、丙、丁部門之比例分別爲 0.2、0.3、0.5；乙部門之服務提供給甲、丙、丁部門之比例分別爲 0.1、0.2、0.7。

試作：

(1) 若仁愛公司採用直接法分攤服務部門成本。計算丙、丁部門應分攤之服務部門成本。

(2)若仁愛公司採用逐步分攤法分攤服務部門成本。計算丙、丁部門應分攤之服務部門成本（假設先分攤甲部門之成本）。

(3)仁愛公司採用相互分攤法分攤服務部門成本。計算丙、丁部門應分攤之服務部門成本。 (105 普考會計)

3. 仁仁診所使用直接法將服務部門成本分攤至營運部門。該診所有甲、乙兩個服務部門及丙、丁兩個營運部門，相關資料如下：

	服務部門		營運部門	
	甲	乙	丙	丁
部門別成本分攤前之成本	$13,800	$38,755	$149,710	$504,730
員工人數	1,500	500	11,500	8,500
占地面積（平方呎）	1,500	500	19,000	4,500

甲部門之成本分攤是根據員工人數，乙部門則是根據占地面積（以平方呎計）。試問：分攤服務部門成本後，丁營運部門之分攤後成本金額最接近下列何者？

(104 地特三等)

4. 甲公司有 A、B 二個服務部門，以及 X、Y 二個製造部門，服務部門 7 月份之有關資料如下：

服務部門	分攤前之部門一成本	提供服務比例			
		A	B	X	Y
A	$160,640	-	20%	50%	30%
B	$40,000	10%	-	20%	70%

若該公司採相互分攤法分攤服務部門成本，則 X、Y 二個製造部門各會分攤到多少服務部門之成本？ (103 高考會計)

5. 某化學公司有兩個製造部門（混合部門及裝配部門）及三個服務部門（一般工廠管理、工廠維修及工廠餐廳），有關分攤成本前的資訊如下：

	混合	裝配	工廠維修	工廠餐廳
部門直接成本	$3,300,000	$3,700,000	$406,400	$480,000
直接人工小時	562,500	437,500	27,000	42,000
員工人數	280	212	8	20
坪數	88,000	72,000	2,000	4,800

工廠維修及工廠餐廳的成本分別根據直接人工小時、坪數及員工人數進行分攤。假設公司選擇階梯分攤法分攤服務部門的成本，分攤順序是以服務部門原始成本較大者先分攤，請問工廠餐廳成本分攤到工廠維修部門、裝配部門、混合部門的金額為何？

（101 普考會計）

6. 甲公司採維修小時與工程小時作為分攤基礎，將二個服務部門的成本分攤給三個製造部門，相關資訊如下：

	服務部門		製造部門		
	維修	工程	A 部門	B 部門	C 部門
維修小時		400	800	200	200
工程小時	400		800	400	400
部門直接成本	$12,000	$54,000	$180,000	$290,000	$350,000

若甲公司採相互分攤法，工程部門應分攤給維修部門與製造部門的成本總額為何？

（101 普考會計）

7. 西陵企業生產電話與傳真機，維修部門提供服務給公司其他兩個營業部門「電話部門」及「傳真部門」，維修部門之變動成本預算是依據營業部門所生產的機具數量，維修部門之固定成本則依據營業部門在尖峰時間所生產之機具數量。下列為相關成本資料：

服務部門
變動成本－預算	$6 / 每具
固定成本－預算	$328,000
變動成本－實際	$254,014
固定成本－實際	$331,940

電話部門
尖峰時刻產能需求量（%）	35%
預算數	12,000
實際數	12,010

傳真部門
尖峰時刻產能需求量（%）	65%
預算數	29,000
實際數	28,960

試作：

(1)維修部門在年底時應分別分攤多少成本給電話部門及傳真部門？

(2)維修部門成本有多少成本未分攤給營業部門？ （98 身障特考三等）

8. 甲公司生產 A 與 B 二種產品，分別由 A 部門與 B 部門製造，二個部門均需 C 部門提供生產過程品質監測服務。B 產品之製造則需依序經由 X、Y、Z 三個生產線，才能製造完成。甲公司採用加權平均法，X8 年有關生產資料如下：

	A 部門	B 部門		
		X 生產線	Y 生產線	Z 生產線
投入成本				
直接材料	$360,000	$13,720		
直接人工	340,000	14,100	$18,860	$15,840
製造費用	170,000	13,160	8,200	9,360
生產數量				
開始生產或前部轉入	200,000	100,000	90,000	80,000
生產完成轉出或出售	160,000	90,000	80,000	70,000
期末在製品	20,000	8,000	6,000	8,000
期末在製品完工程度				
原料	100%	100%		
人工及製造費用	50%	50%	1/3	25%

每單位 A 產品售價為 $10，銷售費用為售價之 10%；B 產品售價為 $6，銷售費用為售價之 20%。生產過程中皆會有耗損情形發生。X8 年 C 部門發生成本 $403,808。

試作：

假設皆無期初存貨，甲公司採預估淨變現價值法進行 C 部門成本分攤，則 X8 年 A、B 部門各應分攤多少 C 部門成本？ （98 高考會計）

9. 中興公司有一組設備，提供給甲、乙部門使用，該設備每年成本 $540,000，最近一年，有關資料如下

	甲部	乙部
實際使用量	20,000	5,000
收入	$1,000,000	$500,000

若乙部門不使用設備，則設備固定成本將為 $450,000 而若甲不使用設備則成本將為 $300,000，此外亦有外界公司願提供設備服務，收費為甲部門 $400,000，乙部門 $240,000，試分別按下列分攤基礎計算：

(1)使用量比例。

(2)增支共同成本分攤法。（以甲為主要使用者）

(3)獨立共同成本分攤法。

(4)相對收入比例。

10.中興顧問公司 EDP 部門提供稅務諮詢部門與人力資源部門使用該電腦。以下為 EDP 部門下年度之預算資料

操作設備固定成本	$300,000
可供使用能量（小時）	2,000（小時）
預計使用小時	稅務諮詢部門 800 小時 人力資源部門 400 小時

在 1,000 至 1,500 小時攸關範圍內，每小時變動成本率為 $200。

試作：（假設稅務諮詢部門實際使用 900 小時，人力資源部門則使用 300 小時）

(1)採單一分攤率法，計算兩部門實際分配成本金額。

(2)採雙重分攤率法，計算兩部門實際分配成本金額。（固定按預計數量分攤，變動成本則按實際數量分攤）

(3)說明兩種方法之優劣點。

CHAPTER

11

主要預算

學習目標 讀完這一章，你應該能瞭解

1. 瞭解何謂預算，並描述其對企業的主要功能。
2. 瞭解預算的編製過程。
3. 預算的種類。
4. 編製主要預算的程序。
5. 瞭解預算編製的道德面。

引言

　　佳年自從接任瑞展公司董事長一職後，經常思考如何在保持產品品質水準的前提之下，公司成本該如何控制？如何有效應用公司有限的資源提高配置的效率，藉以降低製造成本，使產品更具有市場競爭力。為了解答心中疑惑，於是請教財務部范經理，在與范經理討論過後，經理強調預算編製的重要性，完善的預算編製可以讓公司資源的使用效率大大的提升，避免公司財務資金發生短缺情況，進而增加公司的競爭力。

11-1 預算

　　佳年瞭解了預算制度的重要性後，確定預算是公司欲執行的計畫，於是佳年積極的與財務部范經理深度討論公司執行預算制度的可能性與編製預算的程序。范經理首先說明預算制度的意義、功能、循環、種類以及整體預算。

一、何謂預算

　　預算是以數量化模式表達企業在特定期間所預期進行之活動計畫，包含未來某段時間內財務，例如預算綜合損益表、預算資產負債表及與預算現金流量表，以及其他資源取得與使用之詳細計畫，例如製造單位數、員工人數與新產品上市的數目。通常將預算訂定的過程，稱為預算編製，而運用預算以控制企業活動的過程，則稱為預算性控制。預算編製對於企業內資源使用的效率規劃有很大的影響，同時有助於對各事業單位的績效評估。因此，預算在企業營運活動的規劃與控制方面，扮演很重要的角色。

二、預算的功能

（一）協調與溝通功能（coordination and communication function）

　　預算的編製是站在企業整體的立場，藉由對生產與行銷等各部門預算方案，有助於作綜合性的溝通與協調，以決定企業的主要預算與目標，並

且使企業的目標能讓企業中所有員工了解與接受，促使各部門的計畫目標與企業整體利益能互相配合，以提昇企業整體的績效。

（二）激勵功能（motivating function）

預算編製通常是由各部門管理者與員工親自參與所共同制訂，較具有合理性並且易於達成目標，從而產生激勵各部門管理者與員工努力達成工作目標之效果。

（三）規劃功能（planning function）

預算編製有助於企業目標的執行，並將計畫予以落實，任何組織的營運要有效率，預先的「規劃」工作，扮演很重要的角色，藉以設定未來目標及編製達成這些目標的預算，並將資源做最佳的配置。

（四）績效評估功能，亦稱控制功能（controlling function）

預算編製提供員工努力，並作為將來評估績效的標準。將企業營運實際結果與預算加以比較，找出差異部分，並且分析無法執行預期計畫的原因，作為績效改正的依據，來採取正確的改正行動。就預算與規劃和控制的關係，通常可以如圖 11-1 來說明。

在規劃的過程中，預算是企業策略與戰術性計畫中不可缺少的一環。首先，以策略性計畫（strategic plan）為工作起點，策略性計畫所涵蓋的範圍期間通常五年以上，由最高階管理者負責擬訂，以作為企業長期目標。其次，策略性計畫訂定後，由高階管理者與次級管理者共同訂定戰術性計畫（tactical plan），藉由參考過去的歷史資料與未來的發展趨勢，來訂定落實策略性計畫所需訂定的戰術性計畫，通常為一年的營運計畫，以作為企業短期的目標。最後，以戰術性計畫為預算的編列基礎，來編製預算。再者，預計數與實際數加以比較，可找出差異，並且分析其發生原因，可作為採取正確的改正行動或者藉由回饋可提醒管理者需要重新修正策略性與戰術性計畫。

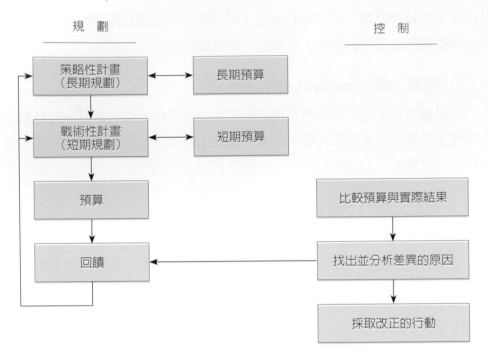

規　劃   控　制

策略性計畫
（長期規劃）　←→　長期預算

戰術性計畫
（短期規劃）　←→　短期預算

預算

回饋　←　　　比較預算與實際結果

找出並分析差異的原因

採取改正的行動

圖 11-1　預算、規劃與控制的關係

三、編製預算循環

　　一般而言，管理完善的企業運用預算管理控制制度，是遵行下列編製預算的循環：

（一）規劃績效

　　預算是將企業的生產與行銷等各部門的績效目標加以規劃，促使企業內每個人都能將此績效，視為努力之目標與方向。

（二）提供標準

　　預算會提供作業之標準，包含財務或非財務的預期資料，作為實際結果之比較。

（三）分析差異

　　當實際與預計結果產生差異時，應加以比較找出差異原因，可作為年度績效評估或下一年度預算編列之參考，以作為改正行動的依據。

（四）重新規劃

依據執行結果和情況的改變，重新再修正規劃執行的過程。例如當本期銷售水準降低時，管理者應重新調整策略規劃。

四、預算種類

（一）依整體或部門可分

1. 整體預算，又稱主要預算（master budget）
    係指將企業所有部門或單位之銷售、生產、運送及財務等各方面的計畫及未來的目標加以彙總，並以預期綜合損益表、預期資產負債表及預期現金流量表作為表達。

2. 部門預算（departmental budget）
    係指企業所屬各單位以數量化模式將所預期未來收益、現金流量及財務狀況等作為表達。

（二）依預算期間可分

1. 短期預算，又稱年度預算
    係指企業為配合會計年度的營業活動，以一年期間之經營及財務計畫，所編製之預算財務報表。在實務上，預算編製通常以月份與季為編製期間。

2. 長期預算
    係指經營及財務計畫涵蓋的期間超過一年以上，所編製之預算財務報表。

3. 連續預算，又稱滾動預算（continuous or rolling budgets）
    係指使預算編製保持涵蓋 12 個月份之預算數，以一個會計年度 12 個月為期，每當一個月結束後，立即再補上一個新的月份。

（三）依性質可分

1. 固定預算，又稱靜態預算
    係指依據某一特定作業水準為基礎而編製之預算，不考慮實際作業水準對成本及費用的影響而調整。

2. 彈性預算，又稱變動預算

係指在特定的攸關範圍內，而非在單一作業水準下編製預算，是隨著不同作業水準對成本及費用的影響而調整。

（四）依員工參與程度可分

1. 參與預算，又稱自主預算（participative or self-imposed budgets）

由企業各階層主管與員工自行參與預算程序編製而成之預算稱之。通常是由下往上溝通方式傳達預算編製資料並且加以整合。

2. 強制預算（imposed budget）

由上而下強制編製預算程序而成之預算稱之。換言之，經由高階主管編製而成，再以強制方式交由各階層主管與員工負責執行。

（五）其他預算制度

1. 零基預算（zero-based budget）

沒有過去數據可以參考，一切編製預算的基礎均從零開始編製。因此在此預算觀念下沒有任何成本具有延續性，且各部門在編製零基預算必須考慮決策包（decision package）。決策包內容包括各部門之成本分析、攸關收益及替代方案可能結果等。每個決策包必須是獨立且完整的，明確依其重要性將企業的各項作業活動依優先順序排列，給予評估每個決策包，進而刪除較不重要或無附加價值的作業活動。

2. 改善式預算（kaizen budget）

由日本企業所提出的一種持續不斷改進的預算制度，意指在預算期間內，預算資料將隨時間經過而不斷修正。

例如：瑞展公司預算編製步驟，假設製造每批齒輪需花 7.5 個直接人工小時。而使用 Kaizen 預算制度可進行持續不斷改進，即可減少 20X9 年所需的直接人工小時，說明如下：

	預計製造每批齒輪所需直接人工小時
2010 年 1 月至 3 月	7.5
2010 年 4 月至 6 月	7.4
2010 年 7 月至 9 月	7.3
2010 年 10 月至 12 月	7.2

直接人工小時是變動製造費用成本的成本動因，故當直接人工小時減少時，會同時降低變動製造費用成本。因此瑞展公司必須進行持續不斷改進的目標，否則實際直接人工小時仍會超過下一季的預計小時。當不佳的情況發生時，瑞展公司管理者應查明目標無法達成的原因，修正其目標或執行程序，直到達成持續不斷改進的目標與精神。

3. 作業基礎制預算制度（activity-based budget）

此預算制度採用作業基礎成本制所得到之成本動因，作為估計生產與銷售產品或提供服務時，所需的作業成本預算編製方法。一般而言，作業基礎預算的編製步驟如下：

步驟一：決定每個作業之預算單位成本。

步驟二：根據銷售和生產目標決定每個作業單位投入之作業水準。

步驟三：根據前二個步驟的資料，計算出每個作業單位之總預算成本。

步驟四：將每個作業之總預算成本加以彙總編表，並列示作業成本總預算。

成會焦點

政府預算之應用

政府預算的分配是一種選擇，我國預算是依據預算法之相關規定編列，首先經過行政院所提出施政方針在依據預估的政府收入，擬定出大略的支出規模，國家的預算有其政策上考量，常使預算有其僵固的現象，例如：社會福利費用的支出、國防支出、教科文支出，在有限的資源下，應將資源靈活運用，

圖片來源：行政院
資料來源：行政院全球資訊網

創造最佳的施政效率與效益。我國政府績效內容是以績效預算為主，費用預算、設計計畫預算、零基預算為輔。透過上述預算內容，可讓各單位重視工作績效、成本效益分析…等，嚴格把關效率不佳的執行單位，使政府的稅收發揮最大的效益。

11-2 主要預算

一、主要預算之意義

　　係指企業在下一會計年度之經營及財務規劃,所整合成的預算財務報表,可分為 (1) 營業預算(operating budget)營業預算係指企業在未來一段期間而編製的預算,包括銷貨預算及生產預算等,主要產生的報表為「預計綜合損益表」。與 (2) 財務預算(financial budget)財務預算係指企業在未來一段期間資金的取得與運用計畫所編製的預算,包括資本支出預算與現金預算等,主要產生的報表為「預計資產負債表」與「預計現金流量表」。。主要預算所組成內容說明如表 11-1。

表 11-1 主要預算組成內容

營業預算	財務預算
銷貨預算	現金預算 • 現金收入預算 • 現金支出預算 • 現金結存預算
製造預算 • 直接原材用量及採購預算 • 直接人工預算 • 製造費用預算 • 期末製成品存貨預算 • 銷貨成本預算	預計資產負債表
生產預算	預計現金流量表
銷售費用預算	
管理費用預算	
其他收入與費用預算	
預計損益表	

二、編製主要預算的步驟

　　財務部范經理為了使佳年進一步瞭解預算的程序，便以瑞展公司為例，說明主要預算編製過程。圖 11-2 為瑞展公司主要預算流程圖，說明表 11-1 各項組成內容及其相互間關係，上半部自銷貨預算到預計綜合損益表為營業預算，下半部為財務預算。

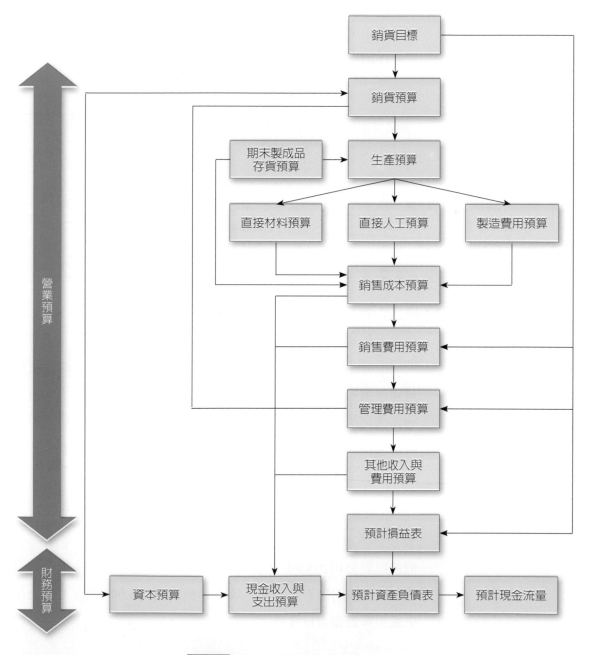

圖 11-2 瑞展公司主要預算流程圖

步驟1：編製銷貨預算

如圖11-2可知，通常由銷售預算為起點開始編製預算，包括生產、存貨及費用都是引用銷售量與預計收入的水準而定。編製銷貨預算是由預期銷售量乘以每單位售價，計算公式如下：

銷售預算 = 預期銷售量 × 每單位售價

假設瑞展公司 20X9 年各季的銷貨預測如表 11-2 可知，該公司預計全年可售出 20,000 個齒輪，每個單位售價 $100，其中在第三季為銷貨旺季。

表 11-2　銷貨預算

	第一季	第二季	第三季	第四季	全年
	瑞展公司 銷貨預算 20X9 年 季別				
預期銷售量	3,000	4,000	8,000	5,000	20,000
乘：每單位售價	$　100	$　100	$　100	$　100	$　100
銷貨收入總額	$ 300,000	$ 400,000	$ 800,000	$ 500,000	$ 2,000,000

步驟2：編製生產預算

在設定銷貨預算完成之後，下一個步驟就可以估計下一個營業期間所需生產數量。企業對期末存貨會有事先規劃，以避免存貨庫存量過多或不足的情況發生。故在編製生產預算時，通常會先決定該期末存貨的數量。每期所需生產數量是由預期銷售量加上預期期末存貨數量，再減去預期的期初存貨數量，計算公式如下：

生產數量預算 = 預計銷售數量 + 預期期末存貨數量
― 預期的期初存貨數量

假設瑞展公司20X9年各季預期期末存貨數量，為下一季銷售量的20%，預期每下一年度之第一季銷售量為3,000單位，該公司生產預算表如表11-3。

表 11-3　生產預算

			瑞展公司 生產預算 20X9年 季別		
	第一季	第二季	第三季	第四季	全年
預期銷售量（參照表 11-2）	3,000	4,000	8,000	5,000	20,000
期末存貨數量 *	800	1,600	1,000	600	600**
總需求量	3,800	5,600	9,000	5,600	20,600
減：期初存貨數量 ***	600	800	1,600	1,000	600
所需生產數量	3,200	4,800	7,400	4,600	20,000

* 相當於下一季銷售量的 20%
** 相當於第四季的數字
*** 前一季的期末存貨＝下一季的期初存貨

步驟3：編製直接原料用量預算

生產預算編製完成之後，下一步驟即可編製直接原料用量預算，可計算出生產過程所需的原料用量。企業所採購的原料必須足夠，以供應生產過程及期末存貨所需耗用的數量，計算公式如下：

直接原料用量預算＝生產數量 × 生產每一單位產品所需直接原料用量
　　　　　　　　＋期末存貨原料存量 － 期初存貨原料存量

假設瑞展公司20X9年預期生產每一單位產品需耗用直接原料10單位，原料每單位購價為$0.4。預期公司每一季的期末原料存量為下一季生產需求量之10%，且預期第四季之期末原料存量為2,000單位，該公司直接原材用量預算表如表11-4。

表 11-4　直接原料用量預算

	第一季	第二季	第三季	第四季	全年
	瑞展公司				
	直接原料用量預算				
	20X9年				
	季別				
預期生產量（請參照表 11-3）	3,200	4,800	7,400	4,600	20,000
乘：每單位所需耗用原料量	10	10	10	10	10
生產需求量	32,000	48,000	74,000	46,000	200,000
加：期末存貨原料存量 *	4,800	7,400	4,600	2,000	2,000
原料耗用總需求量	36,800	55,400	78,600	48,00	202,000
減：期初存貨原料存量	3,200	4,800	7,400	4,600	3,200
預期原料採購量	33,600	50,600	71,200	43,400	198,800
乘：原料每單位購價	$ 0.4	$ 0.4	$ 0.4	$ 0.4	$ 0.4
預期原料採購成本	$ 13,440	$ 20,240	$ 28,480	$ 17,360	$ 79,520

* 相當於下一季生產需求量的 10%

步驟4：編製直接人工預算

直接人工預算是依據生產預算來編製，企業必須先計算對直接人工的需求，人力資源部門可事先規劃，有助於人事政策調整，計算公式如下：

直接人工預算 = 生產數量 × 生產每一單位產品所需直接人工小時
× 每直接人工小時成本

假設瑞展公司20X9年預期生產每一單位產品需耗用直接人工0.4小時，人工成本每小時為$100，該公司直接人工預算表如表11-5。

表 11-5　直接人工預算

	第一季	第二季	第三季	第四季	全年
	直接人工預算				
	20X9 年				
	季別				
預期生產數量（請參照表 11-2）	3,200	4,800	7,400	4,600	20,000
乘：每單位所需耗用直接人工小時	0.4	0.4	0.4	0.4	0.4
生產所需直接人工時數	1,280	1,920	2,960	1,840	8,000
乘：每小時直接人工成本	$ 100	$ 100	$ 100	$ 100	$ 100
直接人工成本總額	$ 128,000	$ 192,000	$ 296,000	$ 184,000	$ 800,000

步驟5： 編製製造費用預算

製造費用預算列示除了直接原料及直接人工以外之所有製造成本，依成本習性可區分為固定成本與變動成本，並計算出預期製造費用分攤率，以便將預算期間的製造費用分攤至個別產品。另外將屬於非現金項目之製造費用從製造費用總額中扣除，以計算出製造費用的現金支出數，以便編製現金預算。製造費用計算公式如下：

製造費用預算 = 固定製造費用預算 + 每單位變動製造費用分攤率
× 預期生產量或作業量

假設瑞展公司以直接人工小時數作為預期製造費用分攤率，該公司變動製造費用分攤率為每直接人工小時 $10，每一季預期固定製造費用為 $30,000，其中 $10,000 是折舊費用，所有與製造費用相關的現金支出都在當季支付，該公司製造費用預算表與預期現金支出如表 11-6。

表 **11-6** 製造費用預算

	瑞展公司 製造費用預算 20X9 年 季別				
	第一季	第二季	第三季	第四季	全年
生產所需直接人工時數（參照表 11-5）	1,280	1,920	2,960	1,840	8,000
乘：預期變動製造費用分攤率	$ 10	$ 10	$ 10	$ 10	$ 10
預期變動製造費用	$12,800	$19,200	$29,600	$18,400	$80,000
加：預期固定製造費用	30,000	30,000	30,000	30,000	120,000
預期製造費用總額	$42,800	$49,200	$59,600	$48,400	$200,000
減：折舊費用	10,000	10,000	10,000	10,000	40,000
製造費用現金支出（需求）	$32,800	$39,200	$49,600	$38,400	$160,000

步驟6： 編製期末製成品存貨預算

依據表11-2至表11-6，已有足夠的數據資料來計算每單位製成品成本，並估計期末製成品存貨成本，以便估計出銷貨成本，有助於預算綜合損益表與預算資產負債表之編製。

假設瑞展公司每單位製成品成本為$54,其中包括$4是直接原料、$40是直接人工及$10是製造費用,其中製造費用以直接人工小時為製造費用的分攤基礎,該公司期末製成品存貨預算表如表11-7。

表 11-7　期末製成品存貨預算

	數量	成本	合計	
每單位生產成本:				
直接原料	10 單位	$0.4 / 每單位	$	4
直接人工	0.4 小時	$100 / 每小時	$	40
製造費用	0.4 小時	$25 / 每小時 *	$	10
每單位生產成本			$	54
預期製成品存貨:				
期末製成品存貨量(參照表 11-3)				600
乘:每單位生產成本			$	54
			$	32,400

瑞展公司
期末製成品存貨預算
20X9 年

* 預計固定製造費用分攤率= $120,000 / 8,000(DLH) = $15 / 每直接人工小時
　預計製造費用分攤率 =$15+$10=$25

步驟7:編製銷貨成本預算

可根據步驟3至步驟6之資料編製銷貨成本預算,瑞展公司20X9年銷貨成本預算表如表11-8。

表 11-8　銷貨成本預算表

瑞展公司
銷貨成本預算
20X9年

期初製成品存貨(600×$54)			$	32,400
加:製造成本總額				
直接原料(參照表 11-4,200000×$0.4)	$	80,000		
直接人工(參照表 11-6,8,000(DHL)×$100)		800,000		
製造費用(參照表 11-6)		200,000	$	1,080,000
可供銷售製成品總額			$	1,112,400
減:期末製成品存貨(參照表 11-7)				32,400
銷貨成本			$	1,080,000

步驟8：編製銷售與管理費用預算

銷售與管理費用預算係指在預算期間列示不屬於非生產活動所發生的各項費用。這些費用預算數字是由各項負責控制銷售與管理費用的人員分別編製彙總而成。編製此預算時，必須按成本習性把費用區分為變動費用與固定費用。

假設瑞展公司預期銷售每單位變動銷售與管理費用為$4，每季固定銷售與管理費用為$125,600，包含廣告費$4,000，薪資費用$120,000，折舊$1,000以及財產稅$600，該公司銷售與管理費用預算表如表11-9。

表 11-9 銷售與管理費用預算表

	第一季	第二季	第三季	第四季	全年
瑞展公司 銷售與管理費用預算 20X9年 季別					
預期銷售量（參照表 11-2）	3,000	4,000	8,000	5,000	20,000
乘：每單位變動銷售與管理費用	$ 4	$ 4	$ 4	$ 4	$ 4
預計變動銷管費用	$ 12,000	$ 16,000	$ 32,000	$ 20,000	$ 80,000
加：固定銷售與管理費用					
廣告費	4,000	4,000	4,000	4,000	16,000
薪資費用	120,000	120,000	120,000	120,000	480,000
折舊	1,000	1,000	1,000	1,000	4,000
財產稅	600	600	600	600	2,400
預期銷售與管理費用總額	$ 137,600	$ 141,600	$ 157,600	$ 145,600	$ 582,400
減：折舊	1,000	1,000	1,000	1,000	4,000
銷售與管理費用的現金支出	$ 136,600	$ 140,600	$ 156,600	$ 144,600	$ 578,400

步驟9：編製現金收入預算

一般而言，現金收入主要來自於銷貨所收到的現金，包括本期現金銷貨收入、本期賒銷在當期收現部分以及以前賒銷在本期收現部分。

假設瑞展公司預期每季銷貨收入總額在銷貨當季收現80%，剩下20%部分於次季收現，並且去年年底應收帳款為$100,000在本年第一季全部收回現金。該公司現金收入預算表如表11-10。

表 11-10 現金收入預算表

	第一季	第二季	第三季	第四季	全年
瑞展公司					
現金收入預算					
2019年					
季別					
銷貨總額（參照表 11-2）	$300,000	$400,000	$800,000	$500,000	$2,000,000
預期現金收入：					
應收帳款（去年年底）	$100,000				$ 100,000
加：第一季銷貨收入 (80%，20%)	240,000	$ 60,000			300,000
加：第二季銷貨收入 (80%，20%)	-	320,000	$ 80,000		400,000
加：第三季銷貨收入 (80%，20%)	-	-	640,000	$160,000	800,000
加：第四季銷貨收入 (80%)	-	-	-	400,000	400,000
現金收入總額	$340,000	$380,000	$720,000	$560,000	$2,000,000

步驟10：編製現金支出預算

現金支出預算表列示了預算期間內預計現金支出總額，包括原料採購成本、直接人工、製造費用、所得稅、購買設備及支付股利的支出等。

假設瑞展公司預期每季原料採購成本在採購當季即支付80%，剩下20%部分於次季付現，並且去年年底應付帳款為$16,000在本年第一季全部付現。另外該公司計畫於本年第一季以現金購買一套自動化設備為$100,000，並且於本年最後一季支付現金股利$10,000。該公司現金支出預算表如表11-11。

表 **11-11**　現金支出預算表

	第一季	第二季	第三季	第四季	全年
瑞展公司 現金支出預算 20X9年 季別					
預期原料採購成本 (參照表 11-4)	$13.440	$20,240	$28,480	$17,360	$79,520
應付帳款 (去年年底)	$16,000				$16,000
加：第一季購貨 (80%，20%)	10.752	$2,688			13,440
加：第二季購貨 (80%，20%)	-	16,192	$4,048		20,240
加：第三季購貨 (80%，20%)	-	-	22,784	$5,696	28,480
加：第四季購貨 (80%)	-	-	-	13,888	13,888
採購原料現金支出	$26,752	$18,880	$26,832	$19,584	$92,048
其他現金支出：					
直接人工 (參照表 11-5)	$128,000	$192,000	$296,000	$184,000	$800,000
製造費用 (參照表 11-6)	32,800	39,200	49,600	38,400	160,000
銷管費用 (參照表 11-9)	136,600	140,600	156,600	144,600	578,400
購買設備	100,000	-	-		100,000
支付現金股利	-	-	-	10,000	10,000
合計	$397,400	$371,800	$502,200	$377,000	$1,648,400
現金支出總額	$424,152	$390,680	$529,032	$396,584	$1,740,448

步驟11：編製現金預算

當營業預算編製完成後，下一個步驟即可以開始編製現金預算，根據期初現金餘額加上現金收入預算數（參照表11-10），再減去現金支出預算數（參照表11-11），得出現金餘額若有不足的部分，即產生資金需求的缺口，則必須向銀行申請貸款或其他融資方式以取得資金，相反的若有多餘的部分，則可以用來償還貸款或從事短期的投資活動。一般而言，現金預算所涵蓋的期間愈短愈好，以免忽略現金餘額的短期波動。這企業以月或週為期間單位，但最常見還是以月或季為單位來編製現金預算。

假設瑞展公司去年年底現金餘額為$150,000，每季現金餘額至少$100,000以應付營業上之需要，若有現金不足的部分，可向銀行申請融資。銀行貸款或還款皆以萬元為單位，且年利率為

12%，貸款於每季第一個月初生效，每季最後一個月底本金與利息一同償付。若該公司現金多餘的部分，也是以萬元為單位，從事短期投資。該公司現金預算表如表11-12。

表 11-12 現金預算表

瑞展公司
現金預算表
20X9年

	季別			
	第一季	第二季	第三季	第四季
期初現金餘額	$150,000	$105,848	$105,168	$101,936
加：現金收入 (參照表 11-10)	340,000	380,000	720,000	560,000
可使用現金總額	$490,000	$485,848	$825,168	$661,936
現金支出 (參照表 11-10)	$424,152	$390,680	$529,032	$396,584
預期最低現金餘額	100,000	100,000	100,000	100,000
現金需求總額	$524,152	$490,680	$629,032	$496,584
現金餘額 (不足)	($34,152)	($4,832)	$196,136	$165,352
理財				
借款	$ 40,000	$ 10,000	-	-
償還	-	-	($50,000)	-
利息 (年利率 12%)*	-	-	($4,200)	-
融資結果	$ 40,000	$ 10,000	($54,200)	-
短期投資	-	-	($140,000)	160,000
期末現金餘額	$105,848	$105,168	$101,936	$105,352

* 注意償還之借款利息是每季最後一個月所還本金計算。

第三季利息支出為 $40,000×0.12×9÷12+10,000×0.12×6÷12 = 4,200

步驟12：編製預計綜合損益表

根據表11-2至表11-12的相關資料，即可編製預計綜合損算表，用以表達預算期間之預期營業結果，其內容也可以作為績效衡量的標準，是預算編製過程中重要的財務報表之一。瑞展公司預計綜合損益表如表11-13（假設20X9年度並無其他綜合損益項目）。

表 **11-13**　預計綜合損益表

瑞展公司		
銷貨損益表		
20X9年		
銷貨收入 (參照表 11-2)	$	2,000,000
減：銷貨成本 (參照表 11-8)		1,080,000
銷貨毛利	$	920,000
減：銷管費用 (參照表 11-9)		582,400
營業淨利	$	337,600
減：利息費用 (參照表 11-12)		4,200
本期淨利 *	$	333,400
* 不考慮所得稅		

步驟13： 編製預計資產負債表

預計資產負債表的編製過程，是根據上期期末資產負債表，然後考慮其他各項預算的資料加以調整。假設瑞展公司20X8年底的資產負債表則列示如表11-14，該公司20X9年預計資產負債表如表11-15。

表 **11-14**　20X8 年底資產負債表

瑞展公司		
資產負債表		
20X8年12月31日		
資　產		
流動資產：	$　150,000	
現金	100,000	
應收帳款	1,280	
直接原料存貨 (3,200 單位 ×$0.4)	32,400	
製成品存貨 (600 單位 ×$54)		$　283,680
流動資產合計		
廠房及設備：		
土地	$ 1,000,000	
房屋及設備	400,000	
累計折舊	(100,000)	
廠房及設備淨額		1,300,000
資產合計		$ 1,583,680
負債及股東權益		
流動負債：		
應付帳款		$　16,000
股東權益		
普通股本	$ 1,200,000	
保留盈餘	367,680	
股東權益合計		$ 1,567,680
負債與股東權益合計		$ 1,583,680

表 **11-15** 20X9 年底預計資產負債表

<table>
<tr><td colspan="3" align="center">瑞展公司
預計資產負債表
20X9 年 12 月 31 日</td></tr>
<tr><td colspan="3">資　　產</td></tr>
<tr><td colspan="3">流動資產：</td></tr>
<tr><td>　　現金</td><td>$　　　105,352^a</td><td></td></tr>
<tr><td>　　短期投資</td><td>$　　　300,000^b</td><td></td></tr>
<tr><td>　　應收帳款</td><td>　　　　100,000^c</td><td></td></tr>
<tr><td>　　直接原料存貨</td><td>　　　　　　800^d</td><td></td></tr>
<tr><td>　　製成品存貨</td><td>　　　　 32,400^e</td><td></td></tr>
<tr><td>　　　流動資產合計</td><td></td><td>$　　　538,552</td></tr>
<tr><td>廠房及設備：</td><td></td><td></td></tr>
<tr><td>　　土地</td><td>$　 1,000,000^f</td><td></td></tr>
<tr><td>　　房屋及設備</td><td>　　　　500,000^g</td><td></td></tr>
<tr><td>　　累計折舊</td><td>　　　(144,000)^h</td><td></td></tr>
<tr><td>　　廠房及設備淨額</td><td></td><td>　　 1,356,000</td></tr>
<tr><td>　　　資產合計</td><td></td><td>$　 1,894,552</td></tr>
<tr><td colspan="3">負債及股東權益</td></tr>
<tr><td>流動負債：</td><td></td><td></td></tr>
<tr><td>　　應付帳款</td><td></td><td>$　　　　3,472ⁱ</td></tr>
<tr><td>股東權益：</td><td></td><td></td></tr>
<tr><td>　　普通股本</td><td>$　 1,200,000^j</td><td></td></tr>
<tr><td>　　保留盈餘</td><td>　　　　691,080^k</td><td></td></tr>
<tr><td>　　　股東權益合計</td><td></td><td>$　 1,891,080</td></tr>
<tr><td>　　負債與股東權益合計</td><td></td><td>$　 1,894,552</td></tr>
</table>

a 與 b：參照表 11-12

c：參照表 11-10。第四季銷貨總量的 20%，即 $500,000×20%=100,000。

d：參照表 11-4。期末直接原料存量為 2000 單位，原料每單位購價為 $0.4，即期末直接原料存量為 2000×$0.4=800。

e：參照表 11-7。

f：參照表 11-14，因為今年的土地未作任何的變動故與去年相同。

g：去年底房屋及設備餘額為 $400,000，今年度購置 $100,000 的設備（參照表 11-10），故今年期末的餘額為 $400,000+100,000=500,000。

h：去年底累計折舊餘額為 $100,000，本年度提列 $44,000 亦指即 40,000（參照表 11-5）+4,000（參照表 11-8）=44,000。故本年底餘為 $100,000+$44,000=$144,000。

i：參照表 11-11。第四季原料採購成本的 20%，即 $17,360×20%=3,472。

j：參照表 11-14，因為今年的普通股本未作任何的變動故與去年相同。

k：去年底保留盈餘餘額為 $367,680（亦指今年期初保留盈餘）+ 本期淨利為 $333,400（參照表 11-13）－股利 $10,000（參照表 11-11）= 今年度期末保留盈餘 $691,080。

步驟14：編製預計現金流量表

根據現金預算表、綜合損益表與資產負債表的資料，即可以編製預計現金流量表。此表係以現金流入與流出，報導企業在預算期間內之營業、投資及理財活動。瑞展公司20X9年預計現金流量表如表11-16。

表 11-16 20X9 年度預計現金流量表

瑞展公司 預計現金流量表 20X9年12月31日			
營業活動之現金流量			
本期淨利			$ 333,400[a]
調整項目			
加：折舊費用	$	44,000[b]	
存貨減少	$	480[c]	
減：應付帳款減少		(12,528)[d]	31,952
營業活動之淨現金流入			$ 365,352
投資活動之現金流量			
購置設備	$	(100,000)[e]	
短期投資		(300,000)[f]	
投資活動之淨現金流出			(400,000)
理財活動之現金流量			
支付股利			(10,000)[g]
本期現金淨流出			($44,648)
加：期初現金餘額			150,000[h]
期末現金餘額			$ 105,352

a：參照表 11-13。

b：期初累積折舊餘額爲 $100,000，期末累積折舊餘額爲 $144,000，故累積折舊增加 $44,000 皆爲今年所提列的折舊費用。

c：期初存貨餘額爲 $33,680($1,280+$32,400)，期末存貨餘額爲 $33,200($800+$32,400)，故今年存貨減少 $480。

d：期初應付帳款餘額爲 $16,000，期末應付帳款餘額爲 $3,472，故今年應付帳款減少 $12,528。

e：期初房屋及設備餘額爲 $400,000，期末房屋及設備餘額爲 $500,000，故今年房屋及設備增加 $100,000，皆爲今年購置設備。

f：期初短期投資餘額爲 $0，期末短期投資餘額爲 $300,000，故今年短期投資增加 $300,000。

g：參照表 11-11。

h：參照表 11-14。

本章討論整體預算，其中「道德」在預算編製時扮演重要角色。為了使預算編製更有效率，需要下級部屬對上級主管忠實表達預算的相關資訊，以作為實際績效表現之依據。但是有時候下級部屬意圖建立預算鬆弛（budgetary slack）預算鬆弛（budgetary slack）即填塞預算（padding the budget）係指部門主管或員工在編製預算過程中，企圖高估費用或低估收入，使能以較少之努力達成預算執行的目標，使其預算執行的目標更容易達成。從「問題討論」，我們可以體會公司員工常面臨道德兩難的情況。

道德兩難案例

　　吳正穎先生是瑞展工業股份有限公司中科廠生產部門的主管，他預估今年該部門的生產力能成長 15%，且自信滿滿的說：「其中 5% 的生產力是一定可以達成的」，吳正穎面臨兩難的情況，是要向上級主管呈報預估數字 15% 或是實際可達到數字 5% 之生產力？

　　情況一：吳正穎向上級主管呈報預估數字 15%，若事後中科廠生產部門未達到 15% 之生產力目標，則上級主管可能會把原因歸究於吳正穎在生產力表現欠佳所造成的，如此一來會影響吳正穎先生獲取紅利與升遷的機會。

　　情況二：吳正穎向上級主管呈報預估數字 5%，若事後中科廠生產部門超過預估值 5%，則公司將無法提供足夠的原物料以供中科廠生產部門生產，如此一來影響公司整體的利益。

問題：

　　若你是吳正穎的話，在預算編製時，要考量個人利益為優先，或是以公司整體利益為考量且提供最符合現狀的預算估計數字？

討論：

　　從上述案例來看，公司的員工若面臨到上述的情況，我們建議公司上級主管應經常親自參與並實地觀察各部門，也可以將生產部門所預估生產力與其他同業相比較，以決定所發放紅利與升遷的機會，而非以生產部門主管所提供的預估數字為依據，避免生產部門主管將預算設在易於達成的水準。並且不建議以施加壓力的方式要求員工達成較高的目標，會使該生產部門主管在無法達成較高預算時，作出不實之預計財務報表。因此，公司應該以激勵方式促使員工能誠實地報告最符合現狀的預算估計數字，以減少編製預算鬆弛的情況產生。

　　預算是以數量化模式表達企業在特定期間所預期進行之活動計畫，包含未來某段時間內財務以及其他資源取得與使用之詳細計畫。一般而言，預算功能有四：(1) 協調與溝通功能；(2) 激勵功能；(3) 規劃功能；(4) 績效評估功能。

　　通常將預算訂定的過程，稱為預算編製，而運用預算以控制企業活動的過程，則稱為預算性控制。編製預算過程：(1) 規劃績效；(2) 提供標準；(3) 分析差異；(4) 重新規劃。預算種類則可依整體或部門、預算期間、性質、員工參與程度、其他預算制度等區分。

　　主要預算係指企業在下一會計年度之經營及財務規劃，所整合成的預算財務報表，可分為營業預算與財務預算，編製主要預算步驟為：(1) 編製銷貨預算；(2) 編製生產預算；(3) 編製直接原料用量預算；(4) 編製直接人工預算；(5) 編製製造費用預算；(6) 編製期末製成品存貨預算；(7) 編製銷貨成本預算；(8) 編製銷售與管理費用預算；(9) 編製現金收入預算；(10) 編製現金支出預算；(11) 編製現金預算；(12) 編製預計綜合損益表；(13) 編製預計資產負債表。

本章習題

一、選擇題

( ) 1. 下列為丁公司第四季相關資料：

銷貨成本	$18,000
期初應付帳款	4,000
期初存貨	3,000
期末存貨	2,100

若第四季每月之採購額均相同，且當月之採購於次月付現；則第四季採購之現金支出預算為何？

(A) $15,400 　(B) $16,600 　(C) $21,100 　(D) $22,900。 　　（107 普考會計）

( ) 2. 丁公司正規劃 X7 年的營業預算，預定使用的平均營運資產為 $2,000,000。丁公司產品每單位平均邊際貢獻為 $200，流動負債 $180,000，長期負債 $820,000，固定成本 $800,000。若丁公司 X7 年度目標投資報酬率為 20%，則產品銷售量應為何？

(A) 6,000 單位 　(B) 6,900 單位 　(C) 7,000 單位 　(D) 7,900 單位。

（107 普考會計）

( ) 3. 責任會計制度對於員工行為具有重要影響，應如何執行為佳？

(A) 責任會計制度的重點在於應對績效不佳的部門究責以促進組織目標的達成

(B) 責任會計制度的重點在於獲取資訊使管理者作出對個別責任中心最有利的決策

(C) 責任會計制度應使管理者對可控制與不可控制的成本負責以提升各責任中心的績效

(D) 責任會計制度的重點在於提供資訊給管理者使其瞭解如何能夠提升整體組織的績效。 　　（107 高考會計）

( ) 4. 甲公司產銷傳真機，並以部門可控制淨利衡量各部門之績效，下列何者為計算部門可控制淨利之方法？

(A) 部門收入扣除部門變動成本後之餘額

(B) 部門收入扣除部門可控制固定成本後之餘額

(C) 部門收入扣除部門變動成本及部門可控制固定成本後之餘額

(D) 部門收入扣除全公司變動成本及部門可控制固定成本後之餘額。

（106 普考會計）

( ) 5. 下列關於靜態預算與彈性預算之比較，何者正確？

(A)靜態預算為只包含固定成本之預算，但是彈性預算為同時包含固定成本與變動成本之預算

(B)靜態預算著重固定資產取得成本之控管，但是彈性預算著重隨銷售量而改變之費用之控管

(C)靜態預算在預算期間開始後即無法變更，但是彈性預算則必須按照實際成本之數額隨時調整

(D)靜態預算下的成本與實際成本之差異即使為不利，仍可能因成本控管使彈性預算差異為有利。 （105 地特三等）

( ) 6. 下列何者不是一套良好的平衡計分卡所具備的特質？

(A) 明確顯示各個構面策略目標的因果關係

(B) 包含所有可能的衡量指標以求衡量之完整性

(C) 設定每個目標所欲達成的績效水準

(D) 連結策略規劃與預算分配。 （105 會計師）

( ) 7. 關於獎酬與績效評估之敘述，下列何者不正確？

(A) 在評估部門經理個人績效時，宜採用與評估部門整體績效一致之績效指標

(B) 在評估部門經理個人績效時，宜採用與評估部門整體績效不同之績效指標

(C) 給予經理人固定獎酬容易產生道德危險（moral hazard），但經理人所承擔的風險較小

(D) 給予經理人變動獎酬能提供較高之努力誘因，但經理人亦承擔較高之風險。

（105 會計師）

( ) 8. 下列敘述何者最不能說明平衡計分卡中之「平衡」意義？

(A) 收入成長與成本抑減之平衡　　(B) 財務與非財務構面衡量之平衡

(C) 企業內部與外部之平衡　　(D) 領先指標與落後指標之平衡。

（105 地特四等）

( ) 9. 下列對於零基預算的描述有幾項錯誤？ ①強調無論是新興或者是舊有的預算，編製預算時皆需重新評估各項考慮因素的預算制度 ②要求每一部門主管

為其所負責之業務或作業，準備一份決策囊（decision package），決策囊中明確列示所有業務或作業的重要性及相對優先順序　③需要準備及印製大量文件

(A) 零項　(B) 一項　(C) 二項　(D) 三項。　（103 地特三等）

(　　)10. 下列何者非為良好的績效報告應具備之條件？

(A) 績效報告應列出實際數、預算數與差異數

(B) 為爭取時效，績效報告可犧牲某種程度之準確性

(C) 對高層管理當局之報告，應涵蓋較長期間且內容較詳細

(D) 績效報告應避免深奧的會計專有名詞。　　　　（101 地特四等）

二、計算題

1. 乙公司為一辦公用品的批發商，總部位於臺北，向製造商購買商品後，在北區、中區、南區成立三個銷售據點。今年公司首度出現營業虧損，總經理要求會計部門提供損益表以檢討虧損原因。以下為會計部門所提供的各地區別之損益表：

	北區	中區	南區
營業收入	4,500,000	8,000,000	7,500,000
區域費用：			
銷貨成本	1,629,000	2,800,000	3,765,000
廣告費	1,080,000	2,000,000	2,100,000
人事費	900,000	880,000	1,350,000
水電費	135,000	120,000	150,000
折舊費	270,000	280,000	300,000
運送費用	171,000	320,000	285,000
區域費用總和	4,185,000	6,400,000	7,950,000
區域營業淨利（損）	315,000	1,600,000	(450,000)
總部費用			
廣告費	180,000	320,000	300,000
行政費	500,000	500,000	500,000
總部費用總和	680,000	820,000	800,000
營業淨利（損）	(365,000)	780,000	(1,250,000)

上表中，銷貨成本與運送費用為變動成本，其餘成本為固定成本。三個銷售據點規模很接近，每一據點皆各自有銷售經理與業務人員。

試回答下列問題：

(1)以上述會計部門所提供之損益表評估各銷售據點之營運績效有何缺陷？

(2)請問總部費用是如何分攤給各地區之銷售據點？你認為該分攤是否合理？請說明理由。 （106 會計師）

2. 乙公司設有 A、B、C 等三若部門，在某年度的財務報表中，若各部門的財務狀況如下：

	A 部門	B 部門	C 部門	全公司
銷貨收入	$30,000	$42,000	$84,000	$156,000
銷貨成本及費用	30,000	40,000	76,000	146,000
損益	$ 0	$ 2,000	$ 8,000	$ 10,000

各部門變動成本及費用占各該部門銷貨收入之百分比如下：A 部門 40%，B 部門 50%，C 部門 60%。

各部門共同性之固定成本及費用為 $12,000，依直接人工小時分攤至各部門之數額如下：A 部門 $3,000，B 部門 $4,000，C 部門 $5,000。若他成本及費用，若屬各該部門之直接成本。

試作：

(1)以貢獻式損益表列示各部門與全公司之損益。

(2)A 部門因為損益為 $0，公司總經理想開發另外一個 D 部門，來接替 A 部門。D 部門預計可創造銷貨收入 $30,000，但其變動之銷貨成本及費用只有 $15,000，其餘成本與費用的使用狀況均與 A 部門相同，請問若乙公司關閉 A 部門，並開發 D 部門，則將為公司帶來多少損益？ （105 關務特考）

3. 丁公司估計未來 6 個月的預計銷貨如下：

月份	銷貨單位
6	90,000
7	120,000
8	210,000
9	150,000
10	180,000
11	120,000

該公司 6 月初有期初存貨 30,000 單位，且每月底需根據下個月銷貨的 20% 預備存貨。假設每單位的產品需用 5 公克的材料，每公克的材料單價為 $8，該公司需根據下個月之生產需求的 30% 來預備該月之材料存貨。6 月 1 日材料存貨為 15 公斤。

試作：

(1) 7、8 月與 9 月的預計生產單位數為何？

(2) 8 與 9 月的預計材料採購單位數為何？

(3) 8 與 9 月的預計材料採購金額為何？　　　　　　　　（105 關務特考）

4. 甲公司 t 月份之營運成果相關資料如下：

銷貨收入	$650,000
變動銷貨成本	200,000
固定銷貨成本	100,000
變動銷貨費用	50,000
固定銷貨費用	150,000

試作：編製甲公司 t 月份之貢獻式損益表。　　　　　　（104 退除役軍人四等）

5. 書神印刷公司專門為大學或研究機構印刷專業書籍，由於每次印刷之整備成本高，書神印刷公司會累積書籍訂單至將近 500 本時，才安排印刷整備與生產書籍。對於特殊訂單，書神印刷公司會生產每批次數量較少之書籍，每次特殊訂單索價 $4,200。20X3年印刷作業之預算與實際成本如下：

	靜態預算數	實際數
印刷書籍總數量	300,000	324,000
每次整備平均印刷書籍數量	500	480
每次印刷機器整備時數	8 小時	8.2 小時
每整備小時之直接變動成本	$400	$390
固定整備製造費用總金額	$1,056,000	$1,190,000

試作：

(1) 20X3 年靜態預算之整備次數及彈性預算之整備次數。

(2) 採用整備小時分攤固定整備製造費用，求算預計固定製造費用分攤率。

(3) 計算直接變動整備成本之價格差異與效率差異，並標明有利（F）或不利（U）。

(4) 計算固定整備製造費用之支出差異與能量差異，並標明有利（F）或不利（U）。

　　　　　　　　　　　　　　　　　　　　　　　　　　（103 普考會計）

6. 台華公司採行責任中心制，該公司甲部門本年度十月份的績效報告（預算係按正常產能 2,000 單位編製之靜態預算）列示如下：

	靜態預算	差異
變動成本：		
直接材料	$40,000	$1,600（不利）
直接人工	20,000	500（不利）
製造費用	4,000	500（不利）
固定成本：		
部門直接成本	2,000	400（不利）
分攤服務部門成本	4,000	1,000（不利）
合計	$70,000	$4,000

十月初在製品存貨 200 單位（直接材料完工程度 60%；直接人工及製造費用完工程度 80%）。當月份開始投入生產 2,200 單位，至十月底 400 單位仍在製中（直接材料完工程度 50%；直接人工及製造費用完工程度 80%）。甲部門成本計算採先進先出法。

(1) 計算甲部門十月份每單位的實際直接材料成本，與每單位的實際加工成本。

(2) 請編製甲部門採彈性預算之績效報告。　　　　　　　　　（103 地特四等）

7. 甲公司編製 X1 年總預算之預計損益表如下。該公司的產能可生產 60,000 單位產品，經理人預計 X1 年市場需求為 40,000 單位，因此 X1 年總預算係以 40,000 單位為基礎而編製。但受到市場反應熱烈的影響，X1 年實際製造並銷售 45,000 單位。

甲公司
損益表
X1 年

銷貨收入		$2,400,000
銷貨成本		
直接材料	$800,000	
直接人工	600,000	
間接材料（變動）	20,000	
間接人工（變動）	32,000	
折舊	150,000	
薪資	50,000	
水電費（70% 固定）	100,000	
維修費（40% 變動）	50,000	1,802,000
銷貨毛利		$598,000
營業費用		
佣金（銷貨收入 8%）	$192,000	

廣告費（固定）	100,000	
薪資（變動）	80,000	
租金 (固定)	80,000	
總營業費用		452,000
營業損益		$146,000

請依據上述資料為甲公司編製 X1 年彈性預算下之預估損益表。　　　（101 地特三等）

8. 癸公司根據下列資料將進行 X5 年第三季現金預算之編製：

(1)

	第二季季末（實際）	第三季季末（預計）
應收帳款	$80,000	$70,000
存貨	100,000	80,000
應付帳款	70,000	65,000

(2) 公司每年現銷金額約占銷貨收入之 30%。

(3) 第二季銷貨收入為 $500,000，銷貨成本為 $400,000；第三季預估之銷貨收入為 $600,000，銷貨成本為 $320,000。

試求：

(1) 第三季因銷貨將自顧客處收取之現金。

(2) 第三季因進貨將支付予供應商之現金。　　　（101 地特四等）

9. 甲公司 9 月初的實際現金餘額為 $104,000，10 月底的預計現金餘額為 $714,800。7 月及 8 月份的實際進貨金額分別為 $1,200,000 及 $640,000；實際銷貨金額為 $1,600,000 及 $1,440,000。9 月份的預計進貨金額及銷貨金額分別為 $1,440,000 及 $1,880,000。甲公司於進貨的次月支付所有款項，而且每次均會取得 5% 的進貨折扣。每月月底還需支付當月銷貨額 20% 的銷管費用。甲公司於銷貨的當月份收到 60% 的貨款，次月份收到 25%，第三個月收到 12%，剩餘的部分視為壞帳。

試求：

(1) 9 月底的預計現金餘額。

(2) 10 月份的預計銷貨金額。　　　（101 鐵路三等）

10. 堯舜公司產銷兩種商品：學生用球鞋及專業用球鞋。兩種商品都需要合成布及人工皮。以下 3 月份兩種商品的成本資料：

直接材料

　　合成布：每尺 $10

　　人工皮：每尺 $12

　　直接人工：每直接人工小時 $30

每單位產出的投入數量：

項目	學生用球鞋	專業用球鞋
直接材料		
合成布	3 尺	5 尺
人工皮	2 尺	4 尺
直接人工小時	4 小時	6 小時
機器小時	2 小時	5 小時

直接材料存貨相關資訊：

項目	合成布	人工皮
期初存貨量	120 尺	80 尺
目標期末存貨量	500 尺	70 尺
期初存貨成本	$1,300	$1,200

銷售與製成品存貨相關資訊：

項目	學生用球鞋	專業用球鞋
預期銷售單位量	800	500
售價	$960	$2,000
目標期末存貨單位量	40	30
期初存貨單位量	20	40
期初存貨金額	$3,500	$7,800

堯舜公司採用作業基礎成本法，將製造費用分類為三個作業成本庫：整備、物料機器處理和檢查，其中物料機器處理是單位層級而其他作業成本庫是批次層級。三個作業的分攤率分別是每整備小時 $80、每機器小時 $15 與每檢查小時 $20。其他資訊如下：

成本動因資訊：

項目	學生用球鞋	專業用球鞋
每批次數量	20	14
每批次整備時間	1.2 小時	2 小時
每批次檢查時間	1 小時	1.2 小時

堯舜公司對於材料及製成品存貨都是採用先進先出法的成本流動處理。

試作：請編製 3 月份下列各項預算

(1)兩種產品的生產量預算。

(2)直接材料的用料預算及進貨預算。

(3)三個作業成本庫的個別製造費用預算。　　　　　　　　　　　（100 關務三等）

CHAPTER 12 成本分析與定價決策

學習目標　讀完這一章,你應該能瞭解

1. 瞭解訂定商品價格應考慮的因素。

2. 分析成本加成定價法與市場價格定價法的差異。

3. 說明目標成本法定價執行的步驟。

4. 瞭解何謂價值改造工程及其在管理上的意涵。

5. 瞭解在短期內,價格接受者如何決定產品銷售組合。

6. 瞭解短期內,有閒置產能與沒有閒置產能時,要如何定價。

7. 解釋何謂生命週期定價策略。

引言

范經理（財務部）一大早進辦公室就接到董事長特助的電話，要他立刻到董事長辦公室，范經理直覺可能有大事，心想不妙，難怪早上一起床，左眼皮就不停的跳，沒想到一不留神，竟然將幾張折價券和一疊廢紙塞進碎紙機。

張董事長：范經理，RB62 的銷售最近的幾個標案都沒拿到單，經過黃經理（行銷部）旁敲側擊的打聽，發現對手底價比我們便宜一成五，但 RB62 的利潤本來也不過一成，你有什麼看法？

范經理：董事長，RB62 是去年開發 R62 的改良版，其實新產品的生產成本經過一段時間的經驗累積，理論上應該可以大幅降低，而且自從導入作業基礎成本制（ABC）之後，我們對於成本結構可以充分掌握。我想 R 系列的產品可能需要作製程再造，以提升效能，這樣才能進一步降低成本和設定更具競爭力的售價。

張董事長：怎麼做？

范經理：其實就是重新檢視整個製程，讓製程更合理有效率，消除沒有產生附加價值的作業活動…

張董事長：好，我同意，這件事就由你規劃，我希望價格能在利潤維持原有水準之下再降低 15% 到 20%。

企業以營利為目的，經理人當然希望自己公司產品的售價越高越好，但碰到瑞展公司面對同業削價競爭，在商場上可說是司空見慣。所謂商場如戰場，每家公司為了生存，常常得在售價上費盡心思，且面對競爭者的削價競爭，若不跟隨減價應戰，可能會喪失訂單，然而售價降低勢必壓縮獲利，在降價與保有利潤間的權衡，可說是一門藝術。本章將針對商品定價的決定因素、長短期定價策略所考慮的因素，以及生命週期對定價策略的影響進行更深入的介紹。

12-1 價格訂定應考量的因素

商品價格高低，會影響銷售數量進而影響利潤，而銷售量多寡亦成為工廠設定生產量的主要考量因素，而生產數量又再攸關產能的設定與成本之分攤，可謂環環相扣。因此，產品價格的決定必須非常謹慎。一般商品價格決定的因素，主要取決於成本、顧客以及市場上的競爭關係：

一、成本

成本是生產或供應商品的所有必要代價，就買賣業而言，主要成本為商品的進貨成本。製造業的成本則包括直接原料、直接人工以及製造費用等製造成本，售價除了要回收這些製造成本外，長期而言，成本應該涵蓋整個價值鏈創造過程中所有發生的必要成本，從研發、設計階段企業便已對商品投入成本，即使製造完成銷售給顧客後，仍有售後服務成本，這些後續的成本也都應該算是總生命週期成本的一部份。在售價不變的情形下，若能將成本壓低一分，便能比競爭者多享一分利潤，在追求利潤極大化的企業終極目標下，成本控管便成為企業管理者的重要課題。

二、顧客

從需求面看，顧客對商品的需求，構成商品銷售的原因，隨著經濟發展，消費能力的提升，顧客購買商品的原因，除了功能性的原因外，亦包括追求時尚、表現自我等複雜的因素，且現代消費者喜歡追求商品多樣化，企業往往被迫必須投入大量的資源以掌握顧客的需求。例如：早期的電話純粹是通話的功能取向，外型少有變化，然而時至今日，電話、手機除了通話的基本功能外，消費者還希望經常有新造型、新功能，光是探索消費者心理便是一門複雜的學問，但低廉的售價與優良的品質似乎永遠是吸引消費者購買的最主要因素。

三、競爭環境

幾乎所有的企業均處在競爭的經營環境之中，除非是靠法令保護（例如：自來水公司等公營事業），否則獨占市場一般幾乎是不存在的。在競

爭的環境下，企業除了面對來自銷售相同商品的同業競爭者壓力外，亦得面對替代性商品隨時取而代之的挑戰，例如：星巴克咖啡連鎖店，其同業競爭者包括其他咖啡連鎖店、速食店，以及便利超商等，均有販賣咖啡，此外，咖啡的替代品（例如：茶品）也足以威脅咖啡之銷售量。在詭譎多變的競爭環境下，企業有時必須透過削價競爭之手段與競爭者對抗，這時企業必須同時衡量商品的成本結構及需求彈性等相關因素。

　　企業經營者制訂價格，往往是成本、顧客與競爭環境等因素綜合考量評估，然而計畫永遠趕不上變化，有時外部環境之突發的狀況也會讓經理人措手不及，例如，匯率的變動便常常是競爭環境的一項干擾因素；以2009 年初為例，當國際金融風暴如火如荼的在各行各業引爆時，韓圜（韓國的貨幣單位）對美元突然短期劇烈的貶值，導致我國半導體、面板業者除因應全球性不景氣所造成的需求下降外，原本與韓國業者間勢均力敵的競爭態勢，因韓圜的貶值使得韓國競爭者出口成本相對有利，我國業者可謂雪上加霜承受更為嚴峻的壓力，除了同步降價應戰外，亦得考慮與國際上的大廠策略聯盟，甚至同業間相互整併以求生存。

成會焦點

一杯珍奶搖出新臺灣經濟奇蹟

　　真正讓珍奶走向世界的，是雅茗天地集團（品牌快樂檸檬）董事長吳伯超。1994 年，他當兵退伍後，馬上跟親朋好友借貸三分利、150萬台幣到香港開「仙踪林」珍奶店，不到幾個月，就有 20 多家加盟店，在香港颳起一陣珍奶旋風；1996 年隨即到上海開第一家店。

　　「我雖不是珍奶發明者，卻是珍奶的推廣者，是第一個到香港、到大陸幫珍奶業者開出曙光的人，」他與有榮焉地說。

不只仙踪林，其他品牌也紛紛走向海外，包括休閒小站、快可立（Quickly）、歇腳亭（Share tea）、天仁茗茶、50 嵐（KOI Thé）、日出茶太（Chatime）、CoCo 都可、貢茶（Gong cha）、春水堂、茶湯會等，都前進世界五大洲。

一杯珍奶在台灣的價格約在 50 至 80 元間，但飄洋過海後，卻是燙金身價，不僅媲美星巴克，售價甚至還要更高。伯思美國際實業董事長王俊峰指出，德國、美國客戶的珍奶定價，一杯約 5 至 6 塊歐元（177 至 212 台幣）；在俄羅斯，一杯 8 到 10 塊美金（247 至 309 元），均比當地星巴克的咖啡還貴。

資圖來源：遠見雜誌

12-2 長期定價策略

一、總成本加成策略

經濟學原理告訴我們，生產者在長期情況下，所有的成本項目都是可變動的，也就是說，所有的成本都是變動成本。長期價格的制訂，依照生產者是否可以決定價格，可區分為價格接受者（price taker）與價格決定者（price maker）兩種。前者的情況通常是商品的價格由市場機制所決定，個別廠商只是眾多廠商中的一個，個別廠商無法任意改變價格；例如：鋼鐵、小麥等產業屬之。若廠商在該產業中具領導地位，例如：該產業中規模最大的，具備影響價格的能力，便是所謂的價格制訂者。

若是價格的決定者，則價格必然要訂在能維持與顧客間長期穩定關係，且能涵蓋所有固定以及變動成本並維持正常利潤[1]的價格。這時通常可以採用成本加成法制訂價格，也就是價格訂在總成本再加上一定成數或百分比的利潤。茲以瑞展公司 H21 產品為例，說明成本加成法的定價過程。

1　若設定的利潤超過正常利潤，可能引起潛在的競爭者進入市場；若利潤小於正常利潤，則長期營運下必然入不敷出，公司將無法生存。

假設瑞展公司生產的 H21 產品，生產技術已經非常成熟，市場上雖有競爭者，但大家井水不犯河水，彼此有各自的顧客群，表 12-1 是正常產能 2,000 單位下的成本資訊：

表 12-1 產品 H21 在正常產能下的成本

成本項目	總成本	單位成本＝總成本÷2000
直接材料（每單位 $273）	$ 546,000	$ 273
直接人工（$120／每小時）	480,000	240
變動製造費用（$83／每機器小時）	332,000	166
固定製造費用	672,000	336
合計	$2,030,000	$1,015

＊註：產能設定 2,000 單位，4,000 機器小時

表 12-1 中，直接材料、直接人工與變動製造費用均為變動，在 2,000 單位的正常產能下，每單位的耗用量均為固定，而固定製造費用則是在該正常產能水準（2,000 單位）下總額固定，也就是說即使只生產一單位，也是要耗費 $672,000，因此每單位的固定製造費用是隨著產量變動而變動。單位總成本會受產能設定的影響。表 12-1 中，H21 產品的單位成本在正常產能水準下為 $1,015，若公司的政策希望售價能賺取 10% 的利潤，並假設每單位銷售費用為 $122、每單位管理費用為 $159，則如表 12-2 所示，售價應該訂在 $1,440。根據這個價格，總生產成本以及銷管費用均可以回收，且能達成公司既定的利潤目標 10%，行銷部門只要盡力達成預計銷售的數量即可。

表 12-2 考慮銷管費用與利潤後的售價

項目（每單位）	金額
製造總成本	$1,015
銷售費用	122
管理費用	159
總成本	$1,296
加：預計利潤＊	144
售價	$1,440

＊計算：假設售價為 X，則 $1,296 + 0.1X = X，0.9X = $1,296，X = $1,440，利潤＝ 0.1X = $144

二、以市價為基礎的訂價策略──目標成本法

上面的例子是以成本加一定成數的利潤做為價格訂定的基礎，這個方法通常適合用在商品的競爭性小、需求彈性小、產品具有差異性，公司可以掌握價格訂定的主導權；例如：汽車製造商，通常不同廠牌不同車款的價格均不同，這是因為每一款車均存在差異性。但是有些商品的競爭性較大，生產者眾，個別生產者通常無法擅自決定自己的售價，也就是說生產者處於價格接受者的地位；例如：石油的價格通常有一定的機制，個別廠商無法作大幅度的改變，又如同一條街上的牛肉麵，品質或服務若沒有特別之處，個別商家很難提高售價，這都是以市價做為價格訂定基礎的例子。

以市價為基礎的定價法首先需決定目標價格（target price），目標價格是指顧客願意支付的價格，這個價格有時是市場早已決定，但若是新產品、新式樣則有時需透過市場調查（market survey），以瞭解顧客的需求、期待的品質以及願意支付的價格。當目標價格決定之後，扣除目標利潤後，便是目標成本，總製造與行銷成本不能超過這個目標成本，這樣的方法就是所謂目標成本法（target costing）。我們以瑞展公司去年底新開發的 UH451 產品為例，說明實施目標成本法的步驟：

（一）開發能滿足市場需求的商品

商品的開拓並不容易，大公司通常會有產品開發部門，隨時掌握市場的脈動，這除了瞭解顧客的需求外，也需瞭解競爭者產品的變化，以便能開發出更具競爭力的商品。瑞展公司的 UH451 產品目前在台灣市場上有來自韓國、日本以及瑞展公司的產品，品質上日本貨最優，但也最貴，韓國貨最便宜，但品質也最差，瑞展希望能提升品質到日本貨的水準，所以製程中設定特別處理之步驟，希望在品質提升下能賣出更好的價格。經過一番努力，終於突破技術上的瓶頸，確信這樣的改良能滿足市場顧客的需求。

（二）制訂目標價格

依照市場調查分析，瞭解顧客對於這項新產品的接受度，以及期待的合理價格，訂定一個與市場最貼近的目標價格，作為銷售該商品的售價。

經行銷部門市場調查的結果，UH451 目前的品質層級雖已達日本進口品的水準，但市場仍相信日本品牌的品質較好，目前日本貨每單位賣 $2,800，為了能與日本品牌相競爭，因此決定將價格訂在每單位 $2,500，行銷部門評估，若品質相當，這樣的價格應該是市場可以接受的，且長期而言非常具有競爭力。

（三）決定目標利潤與目標成本

在決定單位售價之後，必須再決定單位利潤目標，也就是預計銷售該商品每一單位預計該獲得的利潤，將目標價格扣除目標利潤後，便是目標成本，目標成本是長期性的成本，包括固定與變動的成本。瑞展公司的主管認為 UH451 的利潤目標需每單位 $500，售價 $2,500 再扣除 $500 的利潤，因此目標成本為 $2,000，未來每單位總成本必須控制在 $2,000 以內。

（四）分析成本結構

目標成本確定之後，就必須作詳細的成本分析，瞭解生產過程的每一項細節所產生的成本。若單位總成本超過目標成本，便需要作價值改造工程（value engineering），在不影響品質要求的情況下，降低成本，以達目標成本。UH451 經詳細的成本分析，發現以原先的製程與設計，單位總製造成本為 $2,120，超出目標成本 $120。

（五）控制生產成本，致力達成目標成本

追求利潤是企業永遠的目標，在目標成本制下，生產成本必須控制在目標成本以下，且成本控制伴隨著持續改造的經營管理模式，成本將逐期繼續降低，因此成本節省與成本控制是常態的工作。UH451 經過為期 3 個月的價值改造工程後，在不影響產品效能下決定將製程中拋光作業所使用的化學藥劑配方作調整，並在製程上作更有效率的安排，以降低損耗率進而降低人工與機器小時數，經此調整，藥劑成本將下降約 20%、間接人工與機器小時數下降所節省的製造費用約 12%。改造後單位總成本下降至目標成本以下，經反覆測試，改變後的處理方式並不會影響產品品質，因此決定依改造後的製程進行 UH451 量產與銷售。

　　價值改造工程在推行目標成本制時，是重要的成本控管過程，其主要的任務是要檢視、分析、並確認整個產品的價值鏈（value chain）創造過程中，哪些活動是有附加價值活動（value-added activity），哪些是無附加價值活動（nonvalue-added activity）。所謂有附加價值活動，是指該項作業活動能提昇產品價值，若取消將損害該產品的價值形成，換句話說，這些活動是顧客願意付費購買的部分，應該維持並提升品質，若是無附加價值的活動，則應該消除。例如：手機的通話品質，應該是手機非常重要的部分，若生產過程中某項活動與通話品質有關，原則上就應該屬於有附加價值的活動。相反的，無附加價值活動是指那些無法提升產品價值，卻會消耗成本的活動，是顧客不願意付費購買的部分，例如：瑕疵品的再製，必然會耗費成本，這部分的成本會由所有的正常產品吸收，但瑕疵品成本並不是顧客所願意負擔的成本，若我們能將製程管理作得更好，降低瑕疵品成本，必能減少無附加價值活動，在售價無法調升的情況下，透過降低總成本，以提升銷售該商品的利潤。

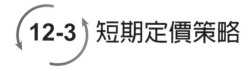

12-3 短期定價策略

一、短期商品組合決策——價格接受者

　　若廠商在該產業中只是眾多生產者之一，其商品與其他生產者並無太大差異，且市場佔有率不大，這時該廠商只是市場價格的接受者，對於商品的供給、需求、價格都無法發揮重大影響力。這種產品通常具有標準化、大量製造，廠商不易有機會將產品差異化的特性，例如：鋼鐵、製藥等產業便具備此特性。

　　個別廠商在產業中的市場佔有率不高的話，廠商通常是價格的接受者，廠商只能決定要生產多少數量以供銷售。在這種情況下廠商若想要提高價格增進利潤，顧客可能因其漲價而轉向其他競爭者購買，因此需承受客戶流失的風險。反之，若廠商想降低售價（低於市場價格）以增加銷售量，則可能會引來其他競爭者跟進甚至演變成削價競爭，這種價格戰（price war）的結果，個別廠商通常得不償失，終將遵守市場決定的價格。

　　只要市場價格高於生產成本，為了讓利潤極大化，價格接受者通常會盡可能的生產並銷售商品。但短期內由於產能無法無限制的擴充，在產能受限的情況下，生產者要將產能投注於哪幾項產品？是需要有所取捨的。我們以下列例子說明短期內如何解決多種產品生產組合問題。

　　瑞展公司有四款產品（TU22、TU25、TR33、TR35）都必須使用車床機器設備，目前車床機台的產能上限為 11,200 機器小時，這四種產品的預計產量、市場最低與最高的銷售預測如表 12-3、四種產品的成本結構資料如表 12-4。

表 12-3　產品產量與市場銷售量預測表

產品	規劃生產量	最低應銷售量	最高可銷售量
TU22	8,000	3,000	8,000
TU25	6,000	4,000	6,000
TR33	5,000	5,000	8,000
TR35	9,000	5,000	9,000

表 12-4　產品成本結構

	TU22	TU25	TR33	TR35
直接材料	$12	10	15	14
直接人工	10	8	13	16
製造費用：				
水電費	8	8	18	16
機器維修費	11	13	20	18
品檢與管理費	3	5	8	7
機器折舊費	9	12	12	10
每單位總生產成本	$53	$56	$86	$81

　　表 12-3 顯示，TU22 在市場上最少有 3,000 單位的需求量，但最多也只有 8,000 單位的需求量，而公司決定生產 8,000 單位，同理，TU25 決定生產 6,000 單位、TR33 生產 5,000 單位、TR35 生產 9,000 單位。像這樣同時有多種產品，每一種產品的價格、成本結構都不一樣，究竟每一種產品各應該生產多少單位？便是所謂產品組合（product mix）的問題。要決定這四種產品的生產數量，首先必須先瞭解這四種產品的獲利情形。

　　表 12-5 是這四種產品每單位所需的機器小時數，以及依預計生產數量所計算出的總時數需求。由於每一種產品所耗費的時間均不同，而機器產能受限於 11,200 機器小時，因此每一種產品所耗費的機器小時數的總和，不能超過這 11,200 小時的上限。

表 12-5　產品機器小時耗費需求

產品	每單位耗費機器小時	預計生產數量	機器小時總需求量
TU22	0.5	8,000	4,000
TU25	0.4	6,000	2,400
TR33	0.6	5,000	3,000
TR35	0.2	9,000	1,800
合計			11,200

　　由於產能受限於 11,200 機器小時，因此必須讓產品的生產組合能達到最大的經濟效益，表 12-6 是每一種產品的邊際貢獻分析，每單位的邊際貢獻是以單位售價減單位變動成本，表 12-4 中的成本項目中的「機器折舊費」因為是固定費用，因此在計算邊際貢獻時沒有扣除。

表 12-6　產品邊際貢獻分析

	TU22	TU25	TR33	TR35
單位售價	\$ 60	\$ 60	\$ 86	\$ 78
減：變動成本				
直接材料	(12)	(10)	(15)	(14)
直接人工	(10)	(8)	(13)	(16)
水電費	(8)	(8)	(18)	(16)
機器維修費	(11)	(13)	(20)	(18)
品檢與管理費	(3)	(5)	(8)	(7)
單位邊際貢獻	\$ 16	\$ 16	\$ 12	\$ 7
每單位耗費機器小時	0.5	0.4	0.6	0.2
每機器小時邊際貢獻	\$ 32	\$40	\$20	\$35
預計產量	8,000	6,000	5,000	9,000
預計總邊際貢獻	\$ 128,000	\$ 96,000	\$ 60,000	\$ 63,000

　　從表 12-6 可以看出，若以個別產品作比較，單位邊際貢獻最高的產品是 TU22 與 TU25，均為每單位 \$16，TR33 每單位 \$12 次之，而 TR35 每單位只有 \$7 最低。由於這四種產品所耗用的機器小時數並不相同，且

機器小時無法毫無限制的供應,產能的主要限制在於機器小時總數受限,因此應該以每一機器小時所創造的邊際貢獻作比較,而非以產品單位邊際貢獻作比較。若以每一機器小時所能創造的邊際貢獻作比較,則 TU25 最高,將車床機器設備投入生產 TU25,每小時可以創造 $40 的邊際貢獻,其次是 TR35 的 $35,再其次為 TU22 的 $32,最低為 TR33,每一機器小時只能創造 $20 的邊際貢獻。

在機器小時的產能有限的情況下,我們要讓總邊際貢獻最大,就得依這四種產品每一機器小時所能創造的邊際貢獻大小,做為生產排序的基礎,也就是說,每機器小時邊際貢獻最大的產品應該優先生產,只要市場能吸收就應該盡量生產,一直到產量已經達到市場的需求上限方更換邊際貢獻次高的產品繼續生產,依此類推便可排定生產的先後順序。表 12-7 便是依照這樣的邏輯作排序,按照每機器小時邊際貢獻數的大小依序由上至下排列(TU25、TR35、TU22、TR33),第二、三欄是市場最低的需求量,以及其所需的機器小時數,由於這些最低需求量所需的機器小時數僅 7,100 機器小時,仍有剩餘產能,因此可以依第一欄的產品順序依次生產,由於 TU25 每一機器小時邊際貢獻最大,所以剩下的產能可用來生產 TU25,至市場需求的上限(6,000 單位)為止,依此類推,將剩餘的產能依每機器小時邊際貢獻大小順序,生產至各該產品市場的最大需求量滿足為止,到 TR33 時,因為產能僅剩 1800 機器小時,只能再生產 3,000 單位,雖然其市場的需求量最高可達 8,000 單位(見表 12-3),但我們的產能機器小時也已經耗盡,無法再生產。我們可以發現,第三欄與第五欄耗費的機器小時數總和(7,100 + 4,100 = 11,200)正好等於機器小時數的最大限制,依表 12-7 所規劃的各種產品的生產數量,將使總邊際貢獻達到最大。

表 12-7 使利潤最大化所耗用的機器小時分析表

產品	最低可銷售量	機器小時需求	額外數量	機器小時需求
TU25	4,000	4,000×0.4 = 1,600	2,000	2,000×0.4 = 800
TR35	5,000	5,000×0.2 = 1,000	4,000	4,000×0.2 = 800
TU22	3,000	3,000×0.5 = 1,500	5,000	5,000×0.5 = 2,500
TR33	5,000	5,000×0.6 = 3,000	0	0
合計		7,100		4,100

表 12-8　四種產品最後的生產計畫表

(1) 產品	(2) 生產數量	(3) 機器小時數	(4) 總邊際貢獻
TU25	6,000	6,000 × 0.4 = 2,400	6,000 × \$40 = \$240,000
TR35	9,000	9,000 × 0.2 = 1,800	9,000 × \$35 = \$315,000
TU22	8,000	8,000 × 0.5 = 4,000	8,000 × \$32 = \$256,000
TR33	5,000	5,000 × 0.6 = 3,000	5,000 × \$20 = \$100,000
合計		11,200	\$911,000

　　表 12-8 是依據表 12-7 的規劃生產數量所計算的機器小時數，以及四種產品所產生的邊際貢獻金額。上述例子說明短期內，無法透過銷售量影響銷售價格的情況下，如何決定產品的銷售組合。當價格由市場決定，廠商只能決定要生產或銷售多少數量，當然首先必須透過市場調查瞭解市場需求的上下限，再決定產能如何分配到各種產品間。上述的例子中，產能主要受限於機器小時數，因此以每一機器小時能創造的邊際貢獻金額作為產能分配的優先順序。

二、機會成本的影響

　　延續前面的例子，今假設瑞展公司收到一張急單（緊急訂單），需要 TR33 產品 2,500 單位，雖然行銷部門的同仁向對方表示目前產能滿載，生產排程都已經排定，但對方表示願意支付高於每單位 \$86 的價格購買，希望公司能接受這張額外的訂單，究竟這張訂單每單位要賣多少元才值得接？

　　在產能已經充分運用的情況下面對這種額外的訂單，若公司接受，則必然要犧牲目前已經排入生產排程的訂單，這將造成邊際貢獻的損失，再加上生產這 2,500 單位 TR33 所需的變動成本。因此，這張額外訂單的收益，必須要能彌補額外的增額生產成本，以及彌補放棄其他產品生產所損失的利潤，即機會成本。

　　若要讓機會成本最小，便要先犧牲每機器小時邊際貢獻最小的產品用來生產額外的訂單。從表 12-7 中可看出，TR33 目前生產 5,000 單位已經是應該生產的最低數量，無法再降低，因此需犧牲每機器小時邊際貢獻次低的 TU22 來支應這張訂單。TR33 每單位需要耗用 0.6 機器小時，2,500 單位須耗用 1,500 機器小時（2500×0.6），也就是要生產這張額外的訂單，需調撥目前產能中的 1,500 機器小時來生產。而原來生產 TU22 時，每單位需 0.5 機器小時，撥 1,500 機器小時需放棄 TU22 產品 3,000 單位的生產（1,500 機器小時 ÷0.5 機器小時）。

　　因此，我們可以表 12-9 計算因為生產這張額外的訂單所需的增額成本，作為定價的基礎，總成本包括生產 TR33 每單位的變動成本 $74（參見表 12-6），乘以 2,500 單位，以及因為放棄生產 TU22 產品 3,000 單位所衍生的機會成本。由表 12-9 可以看出，這張額外訂單的定價，必須每單位訂在 $93.2 以上，總收益必須 $233,000 以上才值得接受。

表 12-9　額外訂單定價分析表

項目	每單位成本	總金額
變動成本	$74	$74×2,500 ＝ $185,000
機會成本	3,000×$16÷2,500 ＝ $19.2[*]	$19.2×2,500 ＝ 48,000
	$93.2	$233,000

[*] 另一種算法：1,500 機器小時 ×$32÷2,500 ＝ $19.2

　　上例揭露一個短期定價的法則，就是在沒有剩餘產能時，額外的訂單，其定價法則是以生產的變動成本總額，加上機會成本，作為價格訂定的基礎。

三、短期定價策略─價格制訂者

　　前面的例子假設廠商無法改變商品價格，個別廠商是價格的接受者，這種情況市場通常是競爭的，廠商只能盡力降低成本以增進利潤。但有時廠商也會碰到可以主導價格的時候，例如：顧客要特殊的規格，且賣方掌握這項特殊規格的生產技術，此時賣方便可以掌握價格的主導權，定價的策略便應該要使價格包括全部成本，即固定成本與變動成本。

假設瑞展公司 JP 級產品為客制化產品，材料與規格均可配合顧客的特殊需要而作彈性調整，而且目前市場上只有瑞展公司能有這樣的技術能力。以每英呎為基本單位，其單位生產總成本如表 12-10 所示，約 $630。

表 12-10 JP 級產品每英呎生產總成本

直接材料：		
特殊鋼材		$ 112
直接人工：		
裁切、成型	$ 142	
超潔淨處理	210	352
製造費用：		
與數量有關	43	
與生產批次有關	92	
與整廠有關	31	166
合計		$ 630

JP 等級的規格特殊，市場上瑞展公司具有幾乎獨佔的技術優勢，所以可以掌握價格的主導權。因此，基本上這類型產品每單位的售價就可以依表 12-10 的全部成本為基礎，再加上一定的利潤成數作為售價，假設公司認為這類產品的加價率（markup percentage）應該在成本的四成（40%），則每單位的售價應該訂在每單位 $882（$630 × 1.4）。這是預期應該銷售的價格，但實際上會因為是否有剩餘產能而可以有彈性的作法，分別說明如下：

（一）有閒置產能時

若瑞展公司有閒置產能，原則上價格只要高於總變動成本即可，因為售價高於變動成本便具有邊際貢獻，可以分攤固定成本，否則沒有接這筆訂單的話，產能閒置亦得支出固定成本，有正的邊際貢獻便能讓固定成本得以回收。

以 JP 級產品為例，表 12-10 中單位總成本中除了與整廠有關的製造費用 $31 外，均為變動成本，因此，在有閒置產能的情形下，售價只要高於總變動成本 $599 便可以考慮出售（$630－$31）。

（二）無閒置產能時

若瑞展公司沒有閒置產能，則額外的訂單除了總變動成本外，可能還會增加一些額外的成本才能順利的生產。一般常見的額外增加成本例如給員工的加班費便是。

以 JP 級產品為例，假設在沒有閒置產能的情形下，有一客戶緊急需要 100 英呎，要求公司報價，經生產部門評估，在現階段產能滿載的情形下要生產這 100 英呎，需加班趕工，而加班費為原來工資的 1.5 倍，此外，特殊鋼材因緊急調貨，供應商要求需增加 20% 的費用，因此這張訂單每單位的售價至少應該高於 $797.4（$599 + $112 × 0.2 + $352 × 0.5）才划算。在沒有閒置產能的情形下，定價的基本法則相同，必須高於直接變動成本以及額外的增額成本（包括機會成本）。

12-4　生命週期定價策略

商品的生命週期，從研究發展階段開始、經製造、行銷、到銷售給顧客後的售後服務為止，產品在整個生命週期的各個階段均會花費成本，且不同階段所發生的成本並非平均發生。因此，產品的定價若只考慮生產階段的成本，就整個生命週期來看，會低估整體成本。一般而言，產品在不同生命週期所花費的成本情形大致如下：

一、研究發展階段

這個階段耗費的時間與成本最不確定，有的商品因為一個簡單即興的創意，便能抓住顧客的需求而大發利市，但有些產品雖經過數年甚至數十年的研究發展、測試，仍無法順利上市，例如：大藥廠開發新藥品，通常要經過實驗室研發測試、動物測試、人體多階段的測試等繁瑣的階段，耗費的時間與金錢都非常龐大。甚至有些產品好不容易研發成功卻因環境因素無法上市而前功盡棄，例如：部分汽車款式因為無法符合新的國家環保規定而無法上市。有些產業在開發階段則充滿不確定性，例如：石油探勘業者，全年不停的探勘油井，但多數均是沒有石油的乾井，少數有石油的油井便需負擔其他乾井的探勘成本。理論上，研究發展階段耗費的成本應

該攤到後續成功銷售的商品，只是後續商品會有多久的銷售生命、會銷售多少數量，在初期銷售商品時是難以預估的，因此定價時要將這部分的成本計入，透過精確的預測與估算攤到每一單位的成本。

二、生產階段

產品只要進入生產階段，其發生的成本便可明確的被認定、衡量、紀錄、分攤，這部分的成本最明確，在生產管理階段，經理人的責任是做好成本控管、提升生產效率，以便可以將成本不斷的壓低，提高利潤。通常在銷售初期由於負擔較多的固定成本（機器設備等），其生產成本會較高，隨著時間的經過，固定成本隨著時間的經過，折舊攤提完畢，早期資本投資所需的融資貸款也會隨著銷售獲利而逐漸清償完畢，固定成本便可以慢慢減少，而變動成本部分，則隨著經年累月的生產經驗，往往單位變動成本也會逐漸緩慢的下降。因此長期而言，生產成本會逐漸的下降。一般成本會計課本所介紹的成本計算，對於產品成本的估算通常只專注於生產階段成本的累積與分攤。

三、銷售與服務階段

這一階段的成本包括商品銷售時所耗費的行銷費用，以及銷售後的售後服務成本。二十世紀後期的行銷觀念強調服務第一、顧客導向，商品製造除了強調品質優良耐用外，更強調對顧客的服務，部分商品還對顧客有永久保固的承諾[2]，這種售後服務成本有時很難準確預估。售後服務的成本也包括售後的法律責任風險與相關的成本，部分商品在銷售給顧客多年後，因為顧客使用時受到傷害而控告製造商，要求提供損害賠償，這種風險有時長達數年、甚至數十年，其衍生的成本有時會侵蝕掉過去銷售時所賺得的利潤，通常這種因品質瑕疵所衍生的成本與生產成本間常有相互替代的關係，若在生產階段多投入成本以提升品質[3]，則這種外部失敗的成本[4]通常會降低許多。

2　著名的高仕原子筆（cross），便提供顧客永久保固的服務。

3　品質成本包括預防成本（prevention cost）、監督成本（monitoring most）、內部失敗成本（internal failure cost）、外部失敗成本（external failure cost）。

4　因商品銷售出去所產生的失敗成本。

四、商品廢棄與處置階段

　　近年來隨著環保意識的提升，有人認為生命週期應該一直到商品廢棄，對環境不再產生任何負擔為止。這是因為部分商品廢棄後仍須花費處理成本。例如：廢電池的處理成本便是一例，過去電池製造商將電池銷售給顧客後便不再負責廢電池的處理成本，但現今各先進國家多要求電池製造商必須負擔廢電池的處理成本。因此先進國家電池的價格均十分昂貴，因為製造商將部分的廢電池處理成本轉嫁給消費者負擔了。其他像保力龍、塑膠、核廢料等，均會造成麻煩的環保難題，製造這類產品的廠商對於相關的環保成本，必須在估算成本就考慮這類的成本。

　　現代的企業經營者，在制訂價格時應該考慮所有的成本，並賺得合理的利潤，本節特別強調一般成本管理較為忽略的生命週期概念，希望讀者能明瞭商品在不同的生命週期均會發生成本，且前段的研發階段與後段的售後服務、乃至於廢棄處理成本，有時不但金額龐大，且往往充滿不確定性，很難事先預知，生產者在訂定價格時應該考慮整體生命週期的成本，而非只考慮製造階段的成本。

🔍 問題討論

價格戰的省思

在 20X9 年初的主管會議上正如火如荼的討論到 TU 級產品目前面對的嚴峻情勢；TU 級產品雖然利潤還不錯，但由於需要的技術層級不高，以致於越來越多小廠也進來搶生意，過去市場上大家一直有默契，不破壞行情價格，但這兩年來一些新近來的小廠往往不按牌理出牌，常常以超低價搶標，打亂了原先的均衡態勢，行銷部黃經理覺得一定要有一些政策因應，否則越來越難作了。

董事長特助表示，既然這些小廠要破壞行情，那我們也只好應戰，且我們的戰力應該更強，若價格下降兩成，相信這些小廠必定撐不到兩年，到時我們再來重整江湖，必能穩座龍頭…

問題：

董事長特助的提議，對於公司的影響為何？對整體產業的發展又有什麼影響？

討論：

從課文中我們知道，價格的制訂必須到市場的需求彈性，以及個別廠商在產業中是否可以主導價格，不同的情況採取的策略均不相同。董事長特助的提議明顯的就是要展開價格戰，價格戰短期內應該會有效果，但長期下來公司則未必會得利，除非公司能確保這些小廠真的會被打倒，否則若其他廠商聯合起來與該公司對決，則鹿死誰手還真難以論斷呢。

本章回顧

　　產品價格，往往是成本、顧客與競爭環境等因素一併考量，作綜合性的判斷。長期價格的制訂，依照生產者是否可以掌握價格的主導權，可分為價格接受者（price taker）與價格決定者（price maker）兩種情況。

　　若是價格的決定者，長期價格必然要能涵蓋所有固定以及變動成本以及正常利潤，這時通常可以採用成本加成法制訂價格，也就是價格訂在總成本再加上一定成數的利潤。若生產者處於價格接受者的地位，個別商家無法主導售價，則須以市價做為價格訂定基礎，首先需決定目標價格，扣除目標利潤後，便是目標成本，總製造與行銷成本不能超過這個目標成本，這樣的方法也叫做目標成本法。

　　價格接受者在短期的生產策略得將產能優先生產邊際貢獻大的產品，只要市場能吸收便應該多生產。若可以主導價格，定價的策略便應該要使價格包括全部成本，即固定成本與變動成本。若有額外訂單，不論是價格接受者或者是價格制訂者的策略都一樣，要看有無閒置產能，若有閒置產能，只要單位售價高於單位變動成本便可以接單，但若已經沒有閒置產能，則額外訂單的價格須包含生產該額外訂單的變動成本總額，加上機會成本（因為接這筆訂單而放棄其他訂單所犧牲的邊際貢獻）。

　　產品生命週期從研發、設計、生產製造、銷售、售後服務、一直到廢棄處置為止，現代的企業在定價時，應該考慮產品生命週期所應該負擔的所有成本，若只考慮生產製造的成本，往往後續的龐大售後保證服務，甚至廢棄處置成本會侵蝕原先的銷售利潤。

本章習題

一、選擇題

( ) 1. 甲公司生產與銷售 5,000 單位之產品,每單位變動成本 $3,500,投資總額為 $8,400,000,投資報酬率為 20%,以全部成本加成作為訂價基礎,加成率為 8%,試問甲公司每單位產品售價應為何?

(A) $4,536　(B) $4,200　(C) $3,836　(D) $3,360。　　　　（107 普考會計）

( ) 2. 乙公司每年製造及銷售 1,000 單位的相機,售價為 $690,該售價乃依製造成本加成 130% 求得。該相機之單位變動銷售費用為 $30,每年固定銷管費用為 $70,000。今乙公司決定改按總成本來訂價,若售價仍維持 $690,試問其加成比率為何?

(A) 72.5%　(B) 80%　(C) 96.67%　(D) 109.09%。　　　　（106 普考會計）

( ) 3. 有關轉撥計價的敘述,下列何者正確?

(A) 當市價無法取得時,以全部成本為轉撥價格才能達成目標一致性

(B) 當轉撥價格高於轉出部門的增額生產成本時,轉出部門必會產生損失

(C) 當轉撥價格低於轉出部門的增額生產成本時,轉入部門必會產生損失

(D) 雙重轉撥價格（dual pricing）會使轉出部門較無誘因控制生產成本。

（106 普考會計）

( ) 4. 甲公司擬投資 $500,000 製造產品 10,000 單位,預計固定製造成本為 $50,000,銷管費用為 $100,000,若甲公司之期望報酬率為 20%,估計單位售價為 $40,則目標單位變動製造成本為何?

(A) $12　(B) $15　(C) $20　(D) $30。　　　　（106 高考會計）

( ) 5. 丙公司 X1 年初投入金額 $5,000,000 生產電池,預期投資之報酬率為 20%,X1 年公司生產及銷售 2,000 單位,以全部成本加成 8% 為售價,單位變動成本為 $5,000。若公司預期 X2 年之銷售單位為 1,600 單位,在售價、固定成本以及加成訂價方式不變的情況下,則 X2 年單位目標變動成本應為何?

(A) $4,000　(B) $4,687.5　(C) $5,000　(D) $5,937.5。　　　　（104 地特三等）

( ) 6. 下列各項敘述何者錯誤?

(A) 實務上,非營利事業之產品售價應低於邊際成本

(B) 理論上，以邊際收入等於邊際成本法則即可決定為達利潤極大之產品售價

(C) 實務上，在一產業內有多家廠商，且一廠商銷售多種產品之情境，產品之邊際收入難以估計，故須借助會計成本協助定價

(D) 理論上，增額付現成本是產品定價之最低限。 （103 地特三等）

( ) 7. 先決定售價乘以預計銷售數量，得出總銷貨收入，在減去預計賺取的利潤，得出總製造成本的上限，這種定價法稱為：

(A) 標準成本法　　　(B) 全部成本法

(C) 目標成本法　　　(D) 市價基礎法。 （103 地特三等）

( ) 8. 公司生產計算機，每單位變動製造成本 $20、變動銷管費用 $5、固定製造費用 $15、固定銷管費用 $10，公司定價策略為全部成本加兩成（即 20%），則每台計算機售價為何？

(A) $30　(B) $42　(C) $48　(D) $60。 （103 地特三等）

( ) 9. 差別定價係指：

(A) 就同一產品對不同顧客採取不同價格之訂價方式

(B) 產品初期以高價位擷取最大利潤之訂價方式

(C) 以低價搶攻市場之訂價方式

(D) 在產能受限時，以提高價格的方式增加收入與利潤之訂價方式。

（101 地特四等）

( ) 10. 一般而言，企業會對產品訂定較具競爭的價格，最可能會在產品銷售生命週期的哪一階段？

(A) 研發與成長期　　　(B) 成熟與衰退期

(C) 全部生命週期中　　(D) 視公司之策略而定。 （100 高考會計）

二、計算題

1. 大化公司之木板與床組部門均為獨立之投資中心，木板部門生產一種可以拼裝成床組之木板，其每單位之市價及成本資料如下：

市場售價	$100
變動成本	60
固定成本	5
正常產能（單位數）	20,000 單位

木板部門之產品配送運費均由買方負擔，無須支付其他額外費用。床組部門每年需求 5,000 單位的木板，每單位外購價格 $100，但可取得 3% 之數量折扣。

試作：

(1) 假定木板部門目前只能向外銷售 15,000 單位，試問如木板部門出售木板給床組部門，則轉撥價格應會落在那一區間？並解釋原因。

(2) 假定木板部門可出售所有木板給外部顧客，試問木板部門可接受的轉撥價格區間為何？並解釋原因。

(3) 假定木板部門可出售所有木板給外部顧客，試問床組部門可接受的轉撥價格區間為何？並解釋原因。　　　　　　　　　　　　　　　　　　　　　（107 關務三等）

2. 丁公司有 X、Y 兩部門，X 部門生產馬達，Y 部門則組裝風扇，過去 Y 部門都向外部市場購買馬達。丁公司為改善財務績效，打算改變目前作法。丁公司提出相關資料如下：

1. 20X6 年 X 部門之營運產能量僅達 70%。

2. Y 部門對馬達需求量在每個 $960 時，每年需 2,000 個。

3. 若馬達轉移至 Y 部門，則 X 部門之變動銷售成本每個可節省 $100。

4. 20X6 年 X 部門製造馬達之相關資料如下：

單位銷售價格	$1,100
單位變動製造成本	$600
單位變動銷售成本	$300
固定製造費用	$1,600,000
每年應分攤公司之銷管費用	$200,000
正常產能	15,000 個

試問：

(1) 請說明 X、Y 部門間移轉馬達時，訂定的最高及最低移轉價格應為多少？

(2) 若 Y 部門可按 $860 向外界供應商購入馬達，則 X 部門是否應以此價格移轉馬達給 Y 部門？

(3) 若 X 部門之對外銷售已達正常產能，則問題之答案應如何修正？（106 關務三等）

3. 甲公司推出一款玩具狗，其生產設備投資為 $1,250,000，理論產能每年 3,000 單位，為維持正常營運平均需投入營運資金 $250,000，預計正常產能及銷售量每年為 2,500 單位。X5 年度，玩具狗的相關成本資料如下：直接原料成本每單位 $80，直接人工成本每單位 $90，變動製造費用每單位 $30，固定製造費用 $60,000，銷管費用包括變動銷管費用及固定銷管費用，其中固定銷管費用為 $25,000。若甲公司採用變動成本（Variable cost）加成訂價法，成本加成百分比為 50% 時，玩具狗之售價為 $330。

試作：

(1)甲公司採用資本報酬率訂價法，要求的預期使用資本報酬率為 16%，玩具狗售價為何？

(2)甲公司採用全部成本加成訂價法，要求的目標報酬率為 14%，全部成本加成百分比為何？

(3)甲公司採用全部製造成本加成訂價法，期望之邊際貢獻率為 45%，則加成百分比為何？   （105 會計師）

4. 信義公司生產並銷售某種玩具。每個玩具之售價為 $36。該公司每年之產能為 50,000 個，生產並銷售 50,000 個玩具之生產及銷售成本如下：

	每單位成本	總成本
直接原料	$12	$600,000
直接人工	6	300,000
變動製造費用	2	100,000
固定製造費用	5	250,000
變動銷售費用	3	150,000
固定銷售費用	2	100,000
總成本	$30	$1,500,000

試作：

(1)假設信義公司目前生產並銷售 40,000 單位。當生產及銷售量不超過 50,000 單位時，固定製造費用及固定銷售費用如上表所列。日前和平公司提出一特殊訂單，請求信義公司為其生產 10,000 單位之玩具，並出價每單位 $25。若接受此訂單，信義公司不必支付變動銷售費用。信義公司是否應接受？若接受，信義公司之利潤將增加或減少多少？

(2)假設信義公司目前生產並銷售 50,000 單位。若接受 (1) 中所提及和平公司之訂單，信義公司必須將目前賣給一般顧客之數量減少 10,000 個。此時信義公司是否應接受此訂單？若接受，信義公司之利潤將增加或減少多少？　　（105 普考會計）

5. 台南公司為一單車零件之經銷商，X8 年 1 月 1 日，其營運設備投資為 $2,000,000。台南公司 98 年銷售單車零件 50,000 個，平均每單位採購成本為 $200。台南公司採用作業基礎成本制分析成本，X8 年度相關資料如下：

作業活動	成本動因	成本動因總數	分攤率
訂購單車零件	訂單數	200	$100（每訂單）
驗收及倉儲	移動負荷量	4,000	$50（負荷量）
配送單車零件	配送次數	2,000	$90（次）

試作：

(1)若台南公司採用目標投資報酬率訂價法，公司設定的目標投資報酬率為 30%，單車零件之單位售價為何？

(2)台南公司 99 年度將單車零件之單位售價調整至 $215，以使銷售量仍能維持 50,000 個。假設營運設備投資維持不變，目標投資報酬率仍為 30%，台南公司 99 年之目標單位成本及每單位應抑減之成本為何？　　（104 會計師）

6. 大新公司乙產品之需求函數為：Q=150－P，其總成本函數為：100+2Q，其中 Q 代表產量，P 代表單位售價。若該公司欲獲取最大利潤，則該產品之單位售價應訂為多少元？　　（103 高考會計）

7. 甲公司從事運送病人液壓式捲揚機之製銷業務，在每月 3,000 部之正常產能下的單位成本資料如下：

製造成本		
直接材料		$100
直接人工		150
變動製造費用		50
單位變動成本		300
固定製造費用		120
單位製造成本		$420
銷管成本		
變動	$50	
固定	140	190
單位成本		$610

試作：

(1) 目前每部售價 $740，據市場調查顯示售價如降至 $650，銷量可望由 3,000 部增至 3,500 部（仍未超出產能負荷），甲公司是否應採取此項行動？列示計算。

(2) 某原料供應商建議所接訂單中，每月 1,000 部可委由該供應商承製，如果接受此項建議，這 1,000 部的變動銷管成本可降低 20%，而由於產量降至正常產能的 2/3，固定製造費用亦可望降低 30%。若供應商每部要價 $425，公司是否可接受？

(3) 假設倉庫堆置 200 部過時的捲揚機，如不儘快拋售將成廢物一堆，毫無價值，試問最低售價應為若干？　　　　　　　　　　　　　（102 原住民三等）

8. 甲公司預計開發一種新產品上市，相關之資料如下：

(1) 該產品預計之生命週期為 3 年，每年可銷售 10,000 單位，第一年因為是推廣期間，單位售價為 $25，以後將逐年調升 $3。

(2) 該產品需於第一年初投入 $30,000 研發，預計每年製造兩批，每批次製造 5,000 單位，每批次之製造整備成本為 $10,000，每批次之間接製造成本為 $45,000。

(3) 預計每單位直接製造成本為 $8、銷售成本為 $1、顧客服務成本為 $0.2。

試作：

(1) 該產品第一年之預估毛利率為若干？

(2) 如果公司對此產品之目標利潤設定為每年平均至少達 $60,000，公司若推出此產品，則第一年之利潤是否達到目標利潤？

(3) 承第 (3) 小題，甲公司可否只根據第一年之數據制定是否推出該產品之決策？該公司究竟是否應該推出該產品？　　　　　　　　　　（101 關務三等）

9. 甲公司為一家兒童安全座椅製造商，每年銷售量為 240,000 個，每個售價為 $2,875，並有 $800 的邊際貢獻。X8 年初甲公司的競爭對手推出同型商品，售價為 $2,500，使得甲公司銷售量受到影響。該公司決定採取一項品質改善計畫，使得品質成本從目前占銷貨金額 20%，得以每月降低 1%，預計最低可降至只占銷貨金額的 3%。

試作：

(1) 若甲公司立即將售價降至 $2,500，以維持目前的銷售數量，則該公司品質改進計畫需持續多久，才可使每個產品的邊際貢獻恢復至目前的 $800？

(2)若甲公司將品質成本降到只占銷貨金額的 3%，售價從 $2,500 開始，每降低 $25，
可增加 15,000 個的銷售量，則售價降到多少時，可使產品的邊際貢獻最高？

（101 關務三等）

10.丁公司生產汽車零件，單位售價 $40，單位變動成本 $20，每年固定成本為 $100,000。
受原油價格調漲影響，該公司產品銷售狀況不如預期，前三季銷售總額僅達 3,500 單
位。為提升利潤，公司擬採行下列三項方案之一：

(1)固定與變動成本維持於預算之內，降低單位售價 $4，預估第四季將因售價調整而
有 13,500 單位之銷售量。

(2)調整生產流程，每單位變動成本將可降低 $2.5，單位售價亦降低 $3，第四季將有
11,000 單位之銷售量。

(3)降低售價 3%，刪減固定成本 $10,000，每單位變動成本維持不變，第四季將有
10,000 單位之銷售量。

試作：

(1)在利潤提升之方案採用前，為達全年利潤目標 $270,000，第四季應有之銷售數量為
何？

(2)以上三方案何者較佳？請列式計算各方案對利潤影響數以說明之。

（100 地特四等）

CHAPTER 13 變動成本法與全部成本法

學習目標 讀完這一章,你應該能瞭解

1. 變動成本法之意義。
2. 變動成本法與全部成本法之損益比較。
3. 變動成本法與全部成本法之優缺點。
4. 變動成本法與全部成本法之評估。
5. 超級變動成本法。

引言

　　一天中午，張總在公司餐廳用餐時，耳聞隔壁桌研發部李處長與業務部葉處長為了該優先生產何種電動代步車產生爭執，李處長說應優先生產四輪電動代步車，因為其邊際貢獻是所有種類產品之最高，對公司獲利幫助最大；而葉處長搖頭說不對，三輪電動代步車目前供不應求，市況正好，因此應增加生產以服務客戶。兩人爭執不下越爭越激烈，此時范經理走進了餐廳，馬上被李、蔡兩人拉去評理，范經理聽完兩人陳述後提議下午再找時間邀集相關部門深入評估後，兩人方結束爭執。用餐結束後，張總趕緊請教范經理剛剛李處長所提之邊際貢獻是什麼意思？

13-1 變動成本法與全部成本法之意義

　　范經理表示企業通常在會計期間之期初，預先估計該會計期間之所有製造費用，再除以預期的作業數量，用以計算製造費用之預計分攤比率，並在期末結算時，依據分攤比率將製造費用分攤至最終產品。由於此種程序係將所有的固定與變動製造成本全部歸屬至各產品，故一般稱之為全部成本法，每一單位之成本包含了直接原料成本、直接人工成本、變動製造費用及固定製造費用。

　　全部成本法之成本計算看似完整，然而由於許多固定製造成本無法直接歸屬到個別產品或生產活動，如果採用全部成本法計算產品成本，這些固定成本勢必要透過某些設定的分攤程序分配到產品，然而經由分攤程序歸屬到最終產品之固定成本，往往與製造此等產品所實際耗用的成本並無太大關係，使得產品成本在提供決策時失去攸關性。在競爭激烈的環境下，管理階層需要更多的資訊，以瞭解因為銷售量或產品組合變動對利潤的衝擊，變動成本法便在此種氛圍下應運而生，在產品成本計算時排除武斷分攤的固定成本，以使產品成本資訊對管理決策較具攸關性。茲將全部成本法與變動成本法其意義分述如下：

1. 全部成本法（**full costing**）：又稱吸納成本法（absorption costing）或傳統成本法（conventional costing），是指將直接人工、直接材料、變動與固定製造費用等一切生產成本均視為產品成本，亦即將直接材料、直接人工與製造費用發生時均列為存貨成本，直至銷貨時再將存貨成本轉入銷貨成本。

> **專有名詞**
>
> 全部成本法（full costing）
> 將直接人工、直接材料、變動與固定製造費用等一切生產成本均視為產品成本。

2. 變動成本法（**variable costing**）：又稱邊際成本法（marginal costing）或直接成本法（direct costing），是指產品成本僅包括直接材料、直接人工和變動製造費用等隨產量變動的變動製造及變動銷管費用等部分；而製造成本內的固定製造費用項目，則將其列入當期費用，排除於產品成本之外。

> 專有名詞
>
> 變動成本法（**variable costing**）
>
> 僅包括直接材料、直接人工和變動製造費用。

由以上定義可知，變動成本法與全部成本法二者之不同，主要在於固定製造費用之處理有所差異，亦即固定製造費用是否列入產品成本，固定製造費用在全部成本法下為產品成本項目之一，而在直接成本法下卻以當期費用項目列入損益表中，作為當期收入的減項。二法相關成本歸納差異詳見圖 13-1。

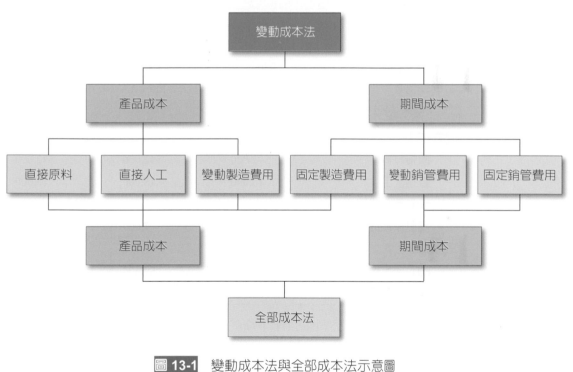

圖 13-1 變動成本法與全部成本法示意圖

13-2 變動成本法與全部成本法之損益比較

一、存貨計價損益編製

為了進一步說明全部成本法與變動成本法下成本計算之差異，范經理先提醒張總公司採行標準成本制，因此，直接成本之計算是以標準價格乘

以實際產出所允許之標準投入；而間接成本的分攤是以標準間接成本率乘以實際產出所允許之標準投入。製造費用的分攤基礎是預算生產單位數，但銷管費用的分攤基礎則為預計出售單位數。范經理以實際案例進行說明，假設公司大里廠每年每月預算基礎產能可生產三輪電動代步車 1,200 單位，並預計得以賣出 1,000 單位。 大里廠 5 月～ 7 月份每月之實際產能為 1,200 單位，且其相關的營運資料和製造與銷售成本明細資料如表 13-1 所示。

表 13-1 大里廠三輪電動代步車 5 ～ 7 月份營運與成本資料

數量資料	5 月份 （初存＜末存）	6 月份 （初存＞末存）	7 月份 （初存＝末存）
期初製成品存貨	100 單位	300 單位	100 單位
本期開始且完成單位	1,200 單位	1,200 單位	1,200 單位
期末製成品存貨	300 單位	100 單位	100 單位
本期銷售量	1,000 單位	1,400 單位	1,200 單位
成本資料	5 月份	6 月份	7 月份
變動成本			
直接材料	$42,000	$42,000	$42,000
直接人工	18,000	18,000	18,000
變動製造費用	12,000	12,000	12,000
變動銷管費用	5,000	7,000	6,000
固定成本			
固定製造費用	$9,600	$9,600	$9,600
固定銷管費用	10,000	10,000	10,000

依據以上資料，公司每月所生產的三輪電動代步車的單位成本可計算如下：

	全部成本法	變動成本法
直接材料	$ 35	$ 35
直接人工	15	15
變動製造費用	10	10
固定製造費用	8	-
每單位產品的成本	$ 68	$ 60

在全部成本法下，所有的製造成本（包含變動製造費用及固定製造費用），均應列入當期的產品成本中。在這種情形下，公司出售一單位產品之銷貨成本（即單位產品的成本）為 $68，尚未出售的產品，應以單位成本 $68 列於資產負債表的存貨項下；而在變動成本法下，僅有變動製造費用計入產品成本中，固定製造費用則被視為期間費用，因此銷貨成本應為 $60，而尚未出售的產品，則必須以每單位 $60 的成本列於資產負債表的存貨項下。

范經理繼續以大里廠 5 月份之產銷為例，說明全部成本法與變動成本法下之損益表編製。由上述資料得知，瑞展公司 20X9 年度大里廠 5 月份固定銷管費用為 $10,000，變動銷管費用為每單位 $5 ($5,000/1,000)，依據全部成本法或改採變動成本法所編製之損益表分別列示於表 13-2 的畫面 A 與畫面 B。

表 13-2　大里廠三輪電動代步車損益表

<table>
<tr><td colspan="6" align="center">瑞展公司
損益表
20X9 年 5 月</td></tr>
<tr><td colspan="3" align="center">畫面 A：全部成本法</td><td colspan="3" align="center">畫面 B：變動成本法</td></tr>
<tr><td>銷貨收入
($100×1,000 單位)</td><td></td><td>$100,000</td><td>銷貨收入
($100×1,000 單位)</td><td></td><td>$100,000</td></tr>
<tr><td>銷貨成本：</td><td></td><td></td><td>銷貨成本：</td><td></td><td></td></tr>
<tr><td>　期初存貨
　($68×100 單位)</td><td>$ 6,800</td><td></td><td>　期初存貨
　($60×100 單位)</td><td>$6,000</td><td>—</td></tr>
<tr><td>加：製造成本
($68×1,200 單位)</td><td>81,600</td><td></td><td>加：製造成本
($60×1,200 單位)</td><td>72,000</td><td></td></tr>
<tr><td>可供銷售產品成本</td><td>$88,400</td><td></td><td>可供銷售產品成本</td><td>$78,000</td><td></td></tr>
<tr><td>減：期末存貨
($68×300 單位)</td><td>(20,400)</td><td></td><td>減：期末存貨
($60×300 單位)</td><td>(18,000)</td><td></td></tr>
<tr><td></td><td></td><td></td><td>變動銷貨成本</td><td>$60,000</td><td></td></tr>
<tr><td></td><td></td><td></td><td>加：變動銷管費用
($5×1,000 單位)</td><td>5,000</td><td></td></tr>
<tr><td>銷貨成本</td><td></td><td>68,000</td><td>總變動成本</td><td></td><td>65,000</td></tr>
<tr><td>銷貨毛利</td><td></td><td>$32,000</td><td>邊際貢獻</td><td></td><td>$35,000</td></tr>
<tr><td>減：銷管費用
($10,000 + $5×1,000 單位)</td><td></td><td>15,000</td><td>減：固定製造費用
($8×1,200 單位)</td><td>$9,600</td><td></td></tr>
<tr><td></td><td></td><td></td><td>固定銷管費用</td><td>10,000</td><td>19,600</td></tr>
<tr><td>營業淨利</td><td></td><td>$17,000</td><td>營業淨利</td><td></td><td>$15,400</td></tr>
</table>

由以上可以發現在全部成本法下，包括固定及變動的所有製造成本，均自銷貨收入中全部扣除，得出銷貨毛利；再從銷貨毛利中，扣除固定及變動之銷管費用，以求得淨利。但在變動成本法下，只是將變動的製造成本及銷管費用，先行自銷貨收入中扣除，用以計算邊際貢獻，而固定製造成本及銷管費用，則全數列為期間成本，從邊際貢獻中扣除，以求得最後的淨利。

范經理進一步解釋造成兩種成本法損益產生差異的原因，在於存貨量之變動，在全部成本法中，固定製造費用以當期銷售量（1,000 單位）為計算基礎，而在變動成本法下則以當期製造量（1,200 單位），以致造成 1,600 元之淨利差異（(1,200 － 1,000)×8），再進一步分析可發現兩者淨利間之差別，恰巧與存貨增減變動有關，以上例分析，期末較期初增加 200 單位（300 － 100）存貨，採全部成本法時，會有一部分固定費用保留於存貨內，而變動成本法則將全部固定製造費用作為當期費用，故淨利較全部成本法短少 1,600 元。

二、營業淨利差異比較

為加深張總的印象，范經理繼續沿用大里廠營運資料，分別採用全部成本法與變動成本法編製 6 月份和 7 月份之損益表。6 月份期初製成品存貨為 300 單位，加上當月製造 1,200 單位扣除當期銷售 1,400 單位，故期末製成品存貨尚有 100 單位。6 月份期末結轉 7 月份之存貨為 100 單位，7 月份製造 1,200 單位並售出 1,200 單位，故期末存貨剩餘 100 單位。依據全部成本法所編製的損益表詳如下表 13-3，而改採變動成本法之損益表如表 13-4。

以兩種不同成本法所計算之損益差異進行分析，可發現 6 月份期末較期初減少 200 單位（100 － 300）存貨，則變動成本法所計算之淨利較全部成本法計算之淨利增加 1,600 元。

聽完范經理的說明，張總靜心反覆比較大里廠 5 月份和 6 月份之營運資料，並對損益差異與期初期末存貨變化兩者間之關係有了較為清楚的概念。但當張總查看 7 月份之資料時發現期初與期末的存貨數量相等，故隨口問道，如果期初與期末存貨無數量差異，兩種成本計算方法所求得之淨利是否應不會有差異？

表 13-3 大里廠三輪電動代步車損益表－全部成本法

瑞展公司 損益表 20X9 年 6、7 月	6月	7月
銷貨收入（$100×1,400 單位；1,200 單位）	$140,000	$120,000
銷貨成本：		
期初存貨（$68×300 單位；100 單位）	$ 20,400	$ 6,800
加：製造成本（$68×1,200 單位；1,200 單位）	81,600	81,600
可供銷售產品成本	$102,000	$88,400
減：期末存貨（$68×100 單位；100 單位）	(6,800)	(6,800)
銷貨成本	95,200	81,600
銷貨毛利	$ 44,800	$ 38,400
減：銷管費用（$10,000 + $5×1,400 單位；1,200 單位）	(17,000)	(16,000)
營業淨利	$ 27,800	$ 22,400

表 13-4 大里廠三輪電動代步車損益表－變動成本法

瑞展公司 損益表 20X9年6、7月	6月份	7月份
銷貨收入 ($100×1,400 單位；1,200 單位)	$140,000	$120,000
銷貨成本：		
期初存貨 ($60×300 單位；100 單位)	$18,000	$6,000
加：製造成本 ($60×1,200 單位；1,200 單位)	72,000	72,000
可供銷售產品成本	$90,000	$78,000
減：期末存貨 ($60×100 單位；100 單位)	(6,000)	(6,000)
變動銷貨成本	$84,000	$72,000
加：變動銷管費用 ($5×1,400 單位；1,200 單位)	7,000	6,000
總變動成本	$91,000	$78,000
邊際貢獻	49,000	42,000
減：固定製造費用 ($8×1,200 單位；1,200 單位)	9,600	9,600
固定銷管費用	10,000　(19,600)	10,000　(19,600)
營業淨利	$29,400	$22,400

范經理微笑道：「沒錯，全部成本法固定製造費用與變動成本法固定製造費用轉列當期費用相同，故其計算之淨利相等。」范經理將上述三種數量資料所計算之淨利兼差異歸納如下：

1. 當生產量小於銷售量（存貨數量減少）時，全部成本法之淨利小於變動成本法之淨利。

2. 當生產量大於銷售量（存貨數量增加）時，全部成本法之淨利大於變動成本法之淨利。

3. 當生產量與銷售量相等（存貨數量不變）時，全部成本法及變動成本法之淨利相等。

聽完范經理說明，張總反問道當期初與期末存貨數量相等時，兩種方式下之淨利會趨於一致，如果是在及時生產制度下，因無庫存，則淨利是否仍會相同，范經理點頭答道：「沒錯，在及時生產制度下，因無機會將固定成本遞延至下期，自然不會有淨利之差異，但兩種方式下之單位成本因定義之不同仍會有所差異。」

三、全部與變動成本法下的損益調節

范經理道出公司一般對外報表為符合法規皆以全部成本法編製，變動成本法僅能作為公司內部績效檢討或營運政策擬定之工具。在全部成本法下，成本項目包含原料、人工、變動及固定成製造費用等項目，而在變動成本法下，成本項目僅計算原料、人工及變動製造費用，因而造成存貨價值在不同成本法下產生差異。張總接口由於在變動成本法下，將固定製造費用列為當期費用，存貨因不包含固定製造費用，其成本低於全部成本法。

范經理點頭並道：「沒錯，當存貨增加或減少時，全部與變動成本法下所報導的損益就會發生差異。」所以在變動成本法下，必須透過調整存貨成本以使成本與全部成本法計算之存貨成本一致，其調整方式為資產負債表需將存貨分攤之固定製造費用計入，而在損益表應先將期初存貨所分攤之固定製造費用扣除，而期末存貨應分攤之固定製造費用應予計入。

看著張總認真思索的神情，范經理微笑道其實不用想得太複雜，如果要計算兩種產品成本法下在某一特定期間固定製造費用轉為費用金額的差

異，只要將存貨變動的單位數乘上每單位預計的固定製造費用分攤比率即可得知，爲強化張總印象，范經理運用大里廠 5 月至 7 月之存貨變動進行說明：

月份	月初存貨	月底存貨	存貨變動數	預計固定製造費用分攤率	固定製造費用差異	全部成本法與變動成本法淨利差異數
	A	B	C = B − A	D	E = C×D	
5	100	300	200	$8	1,600	1,600
6	300	100	(200)	8	(1,600)	(1,600)
7	100	100	0	8	0	0

　　5 月時，因存貨增加 200 單位，表示生產量大於銷售量，此時全部成本法之淨利較變動成本法高出 $1,600（=200×$8）。主要係全部成本法下，僅有部分固定製造費用列爲費用，部分固定製造費用轉入存貨列帳，而變動成本法則將所有固定製造費用列爲當期費用，故全部成本法淨利高於變動成本法淨利。

　　而到了 6 月，存貨減少 200 單位，表示銷售量大於生產量，此時反倒變動成本法之淨利較全部成本法高出 $1,600。主要係全部成本法下，其固定製造費用除當月之製造費用之外，亦包含 5 月新增存貨 200 單位所包含之 5 月份固定製造費用，而變動成本法僅計算當月之固定製造費用轉列當期費用，故此時變動成本法淨利高於全部成本法。

　　7 月時，期初期末並無差異，此時生產數量與銷售數量一致，此時兩種方法之淨利相同並不需調整。在變動成本法下，固定製造費用全部轉列費用，而在全部成本法下，因生產量全數銷售，所有固定製造費用轉入銷貨成本，因此兩法計算之淨利相同。

13-3 變動成本法與全部成本法之優缺點

　　范經理總結上述說明，歸納直接成本法和全部成本法，在會計處理上最明顯的差異，可由損益表的編製和存貨成本的不同上看出。直接成本法僅將與產量有直接關係的變動製造成本計入產品成本中，並隨著產品的銷售轉爲銷貨成本，未售出的產品列爲期末存貨成本。

在損益表的編製格式依成本習性（變動成本和固定成本）分類，先由銷貨收入扣除各項變動成本（包括變動銷貨成本或製造成本及變動銷管費用）後，求出各產品的邊際貢獻，再由邊際貢獻減去固定成本，得出本期營業淨利。所謂邊際貢獻（contribution margin）或邊際收益（marginal income）是指銷貨收入扣除所有變動成本後的餘額，當邊際貢獻大於固定成本，有利潤產生；邊際貢獻小於固定成本，即發生損失。而全部成本法將固定製造費用和變動製造費用全部納入產品成本，並隨產品的銷售轉為銷貨成本，未出售的產品列為期末存貨成本。因此，可將變動成本法與全部成本法區別如下：

專有名詞

邊際貢獻

指銷貨收入扣除所有變動成本後的餘額，當邊際貢獻大於固定成本，有利潤產生；邊際貢獻小於固定成本，即發生損失。

1. 產品成本不同：變動成本法之產品成本僅包含直接原料、直接人工與變動製造費用，全部成本法較變動成本法再多一項「固定製造費用」。

2. 損益表格式不同：變動成本法之損益表係由銷貨收入先減去變動銷貨成本與變動銷管費用，先求得邊際貢獻後，再減去固定製造費用與固定銷管費用。而全部成本法則由銷貨收入減去銷貨成本計算銷貨毛利，再減去固定及變動銷管費用。

3. 成本分類不同：變動成本法將固定製造費用當成期間費用，全部成本法則將其當成產品成本。

最後，范經理歸納在變動成本法下，其邊際貢獻之計算有助於利潤之規劃及短期產品之訂價設定；另一方面，由於產品成本均為變動成本，管理階層易於進行成本控制，且成本區分為變動與固定，有利於彈性預算之實施；最後，在變動成本法下，可排除存貨變動對淨利之影響，有助於決策分析以及績效評量。雖有上述優點，但變動成本法亦存在缺陷及限制，例如，在實務上，固定成本及變動成本並不易區分，且違反成本與收益配合原則，因而使該法不符外部報導要求，亦不為稅法所准許，而在管理上，易演變成重視短期利潤而忽略長期必須收回全部成本之原則，不適用於長期性決策。

相對於變動成本法之缺點，可輕易反映出全部成本法之優點，例如，符合公認會計原則，遵循對外財務報導的要求及稅法之規定，且無劃分固定及變動成本的困擾，而固定製造費用分攤於產品成本中，將有助於長期生產成本之衡量，以及便於制訂長期訂價決策。但是，固定製造費用納入成本計算，將使淨利受銷貨及存貨變化之影響，增加利益分析之困難，且

將非製造部門所能控制之固定製造費用納入成本，並不公平且不能真正反映經營績效，並可能誤導決策，造成潛在可能客戶或訂單之喪失。范經理最後總結道，兩種方法之優（缺）恰巧為對方之缺（優）點，如何妥善運用使其發揮最大功效，考驗著管理者之智慧。

13-4 變動成本法與全部成本法之評估

由於一般公認會計原則及稅法均規定，企業必須採行全部成本法計算產品成本，再加上企業一般皆以全部成本計算之淨利，作為部門績效評核之基準，在此氛圍下，可能迫使管理者採行下列看似有利，但實際上卻影響公司長期利益之決策，例如：

1. 排產時選擇利潤最大之產品優先生產，而忽略客戶之真正需求及公司長期發展之需要。
2. 衝高產品產量，以降低單位成本並加大獲利空間，造成存貨急增。
3. 為求最大產量，故意壓縮或延後生產設備之例行維修作業，造成設備故障損壞之機率大幅提高，進而影響其使用壽命。

由於上述之疑慮，故支持變動成本法者主張應以變動成本法之淨利取代全部成本法之淨利，用以評量部門之績效。范經理補充道支持使用變動成本法者認為固定成本並不會隨產銷量的增減而有所變動，所以，工廠部門內的固定製造費用不會因生產量的變動而改變，該項成本並非生產部門所能掌控，應全數列為當期費用計算之中，而不應納入產品成本並隨著存貨遞延至下期。而且若將固定製造費用納入產品成本，產品將墊高，造成公司在對客戶報價時，可能因反映較高成本而提高報價造成可能之客戶流失，或是礙於較高成本無法接受客戶較低報價之訂單造成潛在之損失。

尤有甚之，另有支持變動成本法者推論固定成本等同產能成本，主要在提供生產之產能，例如，廠房設備之折舊或消耗品旨在於提供實體產能，不論是否已充分利用，產能均將隨時間流逝而消失，故其產能亦將隨之消耗，成本自然因此不應攤入存貨項目而產生儲存遞延之效果。

成會焦點

年營收一億日圓，公司卻瀕臨倒閉？避開這種「地雷產品」，以免賣愈多賠愈多！

古屋悟司是日本樂天市場一家花店的經營者，在投入網路花店生意後，銷售成績連年成長，但年尾結算時，卻發現公司仍然在虧損、根本沒賺到錢。

那時候他總想著，「多賣一點，經營狀況一定會變好。」直到年銷售額破億，依然處於缺錢的關口，很可能倒閉，才在稅務師的幫助下，找到扭轉經營危機的關鍵，做到年年都有盈餘。

公司要賺錢，看的不是銷售，而是「微利」

微利在管理會計中，也被稱為「邊際貢獻」（Contribution Margin）或「邊際利潤」，意思是在變動成本之外，可用來支付固定成本、剩餘就做為利潤的金額。微利愈高，表示每賣出一個商品，可用來支付固定成本和利潤的錢就愈多。

微利 = 銷售收入 ─ 變動成本

假設，古屋的 A 商品售價為 2000 元，其中的變動成本（花材、包裝、運送）等費用為 1600 元，可得出售出一個 A 商品的微利是 400 元。

微利率 = 微利 ÷ 售價 × 100

微利率也稱為「邊際貢獻率」，意思是賣出的商品中，可以用來支付固定成本的比例。微利率愈高，表示這項產品愈有賺錢的能力。回到上面的例子，A 商品的微利率為 20%（400 ÷ 2000 × 100）。

計算各商品的微利率，挑出公司的「地雷商品」和「幸運商品」

古屋將花店中的 2000 多樣商品，一一列出售價、變動成本，計算出微利率，終於找出公司赤字的原因：某些商品對公司的利潤沒貢獻，甚至賣愈多就賠愈多。

他將這種產品稱為「地雷商品」，微利率只有 2% ～ 5%，通常因為售價極低，所以會大量暢銷，成為吸引顧客來店的誘因。相對的，有些產品是「幸運商品」，微利率高達 30% 以上，偶爾賣出一件、兩件，就能對利潤做出極高的貢獻，賣得愈多，獲利就愈高。古屋以往都將地雷商品做為販售重點，大量砍價、打廣告推銷地雷商品，反而犧牲利潤。店主應該斤斤計較後，拿捏一個地雷商品和幸運商品的比例，否則只賣地雷商品的話，倒閉只是早晚的事。

資圖來源：經理人電子報

13-5 超級變動成本法

范經理亦指出近年來，另有部分人士鼓吹應使用超級變動成本法作為吸納成本法或變動成本法的替代方案，因其認為即使是變動成本法，仍將過高的成本列入存貨，超級變動成本法（throughput costing；super-variable costing）只將直接原料列入成本計算，而將其他成本項目列為期間費用，以避免原先所採行將任何其他間接、過去的或者是承諾成本加入成本計算下，驅使公司管理階層採行製造比所能使用或出售為多的產品數，因而降低平均每單位成本的不當動機，因為每單位成本只依據直接原料，而不是製造的單位數。范經理繼續以大里廠為例，說明若將存貨成本計算方式改為採行超級變動成本法，則其損益表如表 13-5 所示。因在超級變動成本法下，僅將直接材料計入存貨成本，故由表 13-5 可知，當銷量小於產量時（如 5 月），當期之費用為最大，致使營業淨利為最小。支持此法者認為本制度能減低管理者生產不必要存貨之動機，然在現實環境中並未廣泛使用。

> **專有名詞**
> 超級變動成本法
> 只將直接原料列入成本計算，而將其他成本項目列為期間費用。

表 13-5　大里廠三輪電動代步車損益表－超級變動成本法

	瑞展公司 損益表 20X9 年 5、6、7 月		
	5月	6月	7月
銷貨收入	$100,000	$140,000	$120,000
($100×1,000；1,400；1,200 單位)			
銷貨成本：			
直接材料期初存貨	$ 3,500	$10,500	$3,500
($35×100；300；100 單位)			
當月製造直接材料耗用	42,000	42,000	42,000
($35×1,200；1,200；1,200 單位)			
可供銷售產品成本	$45,500	$52,500	$45,500
減：直接材料期末存貨	(10,500)	(3,500)	(3,500)
($35×300；100；100 單位)			
直接材料銷貨成本	35,000	49,000	42,000
邊際貢獻	$65,000	$91,000	$78,000
減：加工成本	(36,900)	(36,900)	(36,900)
($15 + 10 + 8)×1,200 單位			
銷管費用 [$10,000 + $5×	(15,000)	(17,000)	(16,000)
(1,000；1,400；1,200 單位)]			
營業淨利	$13,100	$37,100	$25,100

🔍 問題討論

產量與成本的迷思

瑞展公司受到原物料價格持續飆漲的影響，造成三輪電動代步車生產成本急遽攀升，而受限於市場競爭激烈，短期無法藉由調高售價方式因應，造成連續數月之虧損，公司緊急開會檢討。會議中，廠務部莊廠長認為實際產能僅為設計產能之半數，因此主張全能生產將可有效降低成本，並配合降價促銷應可馬上轉虧為盈；而業務部葉處長則認為由於市場過度競爭，降價促銷僅會引起同業跟進，效果有限，應設法由製程改善著手，藉由減少消耗之方式，降低製造成本，兩人因意見相左而爭執不下，大家不約而同把目光轉向另一資深幹部財務部范經理，想探詢其意見。

問題一：

假如你是財務部范經理，就本章節所介紹之各種成本計算方法，你會建議公司應採行何種方法？

問題二：

當初基於市占率考量生產三輪電動代步車而犧牲獲利性較佳之四輪電動車，請問公司應如何在決策階段時有更週全之考量？

討論：

利用產量提升之方式，短期確實可迅速降低成本，但產量提升如無法順利銷售完畢，將造成庫存持續累積形成資金積壓，以及未來可能產生之額外處理成本，身為財務主管，必須先從成本結構著手，探討成本劃分及計算之合理性，以確保成本結構之正確，以提供管理階層作為決策之參考。

　　全部成本法與變動成本法為兩種主要的產品成本計算方式，兩者間主要差異在於固定製造費用的處理，全部成本法將固定製造費用分攤到所生產產品，將之視為產品成本，並將留存於存貨裡直到產品售出；而變動成本法則將固定製造費用視為期間成本並予以費用化。一般公認會計原則及稅法均規定企業須採用全部成本法，然變動成本法有助於管理者之決策分析。

　　而超級變動成本法較變動成本法更進一步，僅將直接原料列入成本計算，而將其他成本項目列為期間費用，能減低管理者過度生產之動機。

本章習題

一、選擇題

( ) 1. 甲公司生產單一產品並使用實際成本制度。其成本資訊如下：生產量 100,000
單位，銷售量 80,000 單位，單位售價 $20，機器小時 50,000，直接材料
$80,000，直接人工 $240,000，變動製造費用 $40,000，固定製造費用 $200,000，
變動銷售費用 $48,000，固定銷售費用 $20,000，假設沒有期初存貨，試問下列
何者正確？

    (A) 相較於歸納成本法，採用變動成本法所計算的單位成本與淨利都較低

    (B) 相較於歸納成本法，採用變動成本法所計算的單位成本與淨利都較高

    (C) 相較於歸納成本法，採用變動成本法所計算的單位成本較低且淨利較高

    (D) 相較於歸納成本法，採用變動成本法所計算的單位成本較高且淨利較低。

（105 會計師）

( ) 2. 甲公司產銷單一產品，正常產量為 20,000 單位，今年度期初存貨 1,000 單位，
產量 19,800 單位，銷量為 19,500 單位，售價為每單位 $50，固定製造成本總
額為 $100,000，變動銷管 成本為每單位 $4，固定銷管成本總額為 $80,000，變
動製造成本之標準為每單位 $30，變動製造成本差異 $6,000（不利），期末時
成本差異直接沖轉銷貨成本。若甲公司採用變動成本法計算存貨成本，則今年
度營業淨利為何？

    (A) $132,000   (B) $127,500   (C) $126,000   (D) $124,500。   （105 鐵路高員）

( ) 3. 列那些因素會影響全部成本法淨利，但不會影響變動成本法淨利？   ①銷量
②產量   ③產能水準的選擇

    (A) ①   (B) ①②   (C) ①③   (D) ②③。   （104 地特三等）

( ) 4. 有關全部成本法和變動成本法之比較，下列何者正確？

    (A) 不論是全部成本法還是變動成本法，變動成本皆是產品成本

    (B) 當管理者的紅利係以營業淨利為基礎發放時，採用全部成本法的管理者較
有動機去積壓存貨

    (C) 不論是全部成本法還是變動成本法，製造成本皆是變動成本

    (D) 當存貨水準增加時，全部成本法的淨利小於變動成本法。（104 鐵路高員）

(   ) 5. 甲公司生產裝飾用手錶，每個手錶售價 $100。該公司總共生產 100,000 單位，並銷售 80,000 單位，每單位成本資訊如下：直接材料 $30，直接製造人工 $2，變動製造成本 $3，銷售佣金 $5，固定製造成本 $25，管理費用（全部爲固定）$15。試問當該公司採歸納成本法時，其每單位存貨成本爲若干？

(A) $32　(B) $35　(C) $60　(D) $80。　　　　　　　　（104 軍官轉任四等）

(   ) 6. 關於邊際貢獻式的損益表，下列敘述何者正確？

(A) 適用在歸納成本法

(B) 固定費用以總額方式列示

(C) 計算邊際貢獻時毋須考慮銷管費用

(D) 須計算出銷貨毛利。　　　　　　　　　　　　　　（103 地特三等）

(   ) 7. 甲公司生產並製造 A 產品，以下是其最初兩年生產之實際營運資訊：

	第 1 年	第 2 年
A 產品生產單位數	40,000	40,000
A 產品銷售單位數	37,000	41,000
歸納成本法下淨利	$44,000	$52,000
變動成本法下淨利	$38,000	？

甲公司之成本結構與售價在這兩年間維持不變。試問甲公司第 2 年變動成本法下淨利爲何？

(A) $48,000　(B) $50,000　(C) $54,000　(D) $56,000。　　　（103 鐵路高員）

(   ) 8. 丁公司 X1 年製造費用有關資料如下：

	當年度投入	期初存貨中包含	期末存貨中包含
變動製造費用	$50,000	$10,000	$15,000
固定製造費用	$375,000	$95,000	$25,000

丁公司該年度之營業利益，於歸納成本法與變動成本法下之差異爲：

(A) 歸納成本法低於變動成本法，差異爲 $70,000

(B) 歸納成本法低於變動成本法，差異爲 $40,000

(C) 歸納成本法低於變動成本法，差異爲 $50,000

(D) 歸納成本法高於變動成本法，差異爲 $50,000。　　　（103 高考會計）

(　　) 9. 下列關於變動成本法與全部成本法的敘述何者錯誤？

        (A) 當生產量大於銷售量時，全部成本法所計算之淨利會大於變動成本法所計算之淨利

        (B) 在變動成本法下，固定製造費用會出現在損益表上，列為期間成本

        (C) 變動成本法與全部成本法之主要差異，在於對非固定製造成本會計處理不同

        (D) 變動成本法與全部成本法之主要差異，在於對固定製造成本會計處理不同

                            （103 原住民三等）

(　　) 10. 甲公司生產 100,000 單位之產品，並售出其中 80,000 單位，生產成本包括直接材料 $200,000、直接人工 $100,000、變動製造費用 $150,000、固定製造費用 $250,000。試問直接成本法下之期末存貨成本應為何？

        (A) $60,000   (B) $90,000   (C) $110,000   (D) $140,000。   （102 地特三等）

二、計算題

1. 請說明為何變動成本法主張者批評存貨以全部或吸納成本法處理會給予公司盈餘操弄空間之主要論點。   （106 普考）

2. 大安公司產銷一種產品，單位售價 $210，公司採用標準成本制度，X2 年度相關資料如下：單位成本：直接材料 $50，期初存貨 300 單位，直接人工 20 本期生產 1,400 單位，變動製造費用 10，期末存貨 200 單位，固定製造費用 20，本期銷售 1,500 單位，變動銷管費用 12，已分攤固定製造費用 $28,000，固定銷管費用 52,000。各項差異：固定製造費用支出差異 $1,600（U），固定製造費用能量差異 3,400（U），變動製造費用支出差異 1,000（F），變動製造費用效率差異 700（U），直接材料價格差異 3,200（U），直接材料數量差異 1,000（F），直接人工工資率差異 4,600（U），直接人工效率差異 2,500（F）。根據上述資料，試作：

(1)採用變動成本法編製損益表。

(2)計算全部成本法與變動成本法的淨利差異數。   （93 會計師）

3. 太陽公司 1、2 月份之產銷資料如下：1 月、2 月生產單位數 12,000、6,000，銷售單位數 8,000、10,000，單位變動製造成本 $ 20、$ 20，單位變動銷管費用 $ 10、$ 10，太陽公司每月固定製造費用為 $198,000，依預計產能分攤至產品；每月固定銷管費用為 $70,000，依實際銷量分攤至產品。公司採變動成本加成 100% 為訂價基礎，毛利率為 30%（調整各種差異數前）。該公司 1 月並無期初存貨，各月份所有差異數均結轉當期之銷貨成本。試作：

   (1) 請依一般公認會計原則，編製太陽公司 1 月份及 2 月份之損益表。

   (2) 總經理看了損益表十分不解，質問為何 2 月份之銷量增加但淨利卻反而減少。請依變動成本法編製 1 月份及 2 月份之損益表供總經理參考。

4. 甲公司於 20X4 年初開始營業，該公司之生產、管理及行銷部門共用一棟建築物，並依照各部門所使用之空間分攤建築物之折舊費用。根據各部門空間使用分析顯示，生產部門占 60%，管理部門占 25%，行銷部門占 15%。截至 20X4 年底，甲公司共出售 80% 的產品。若甲公司採歸納成本法，試問建築物之折舊費用有多少比例將計入 20X4 年之損益表？   （103 原住民三等）

5. 某公司本年度變動成本法下之淨利為 $1,500，期初存貨及期末存貨分別為 21 單位及 26 單位。若固定製造費用分攤率為每單位 $20，則該公司全部成本法之淨利為何？

6. 崑山公司於 97 年成立，該年度生產 200,000 單位之產品，並出售 170,000 單位，生產成本包括直接材料 $650,000，直接人工 $300,000，變動製造費用 $150,000，固定製造費用 $487,500，崑山公司在變動成本法下之期末存貨成本為若干？

7. 臺中公司生產單一產品並使用實際成本法。本年度相關資訊如下：銷售量 4,000 單位，單位售價 $45，生產量 6,000 單位，變動製造成本 $25,000，固定製造成本 $72,000，變動銷售費用 $45,000，固定銷售費用 $6,000。假設沒有期初存貨，試計算採用變動成本法及全部成本法所產生的淨利差額為多少？

8. 甲公司 X1 年度製造產品 100,000 單位，銷售 80,000 單位，每單位之變動製造成本為 $20，固定製造成本為 $1,200,000，則使用變動成本法計算的淨利較全部成本法的淨利？

9. 甲公司只生產單一產品，第 1 年營運生產 120,000 單位，賣出 100,000 單位，其成本
資料如下：

製造成本：

變動	$160,000
固定	240,000

行銷管理費用：

變動	$ 21,000
固定	18,000

該公司若採變動成本法，其淨利將較歸納成本法之淨利：

10. 假設仁愛公司每年的產銷量為 20,000 單位，其產品的製造成本與銷管費用如下：

變動成本：

直接材料	$	10
直接人工		12
製造費用		8
銷管費用		6

年度固定費用

製造費用	$160,000
銷管費用	40,000

若該公司採用歸納成本法，且成本加成率為 20%，則單位售價應訂為多少元？

CHAPTER

14

品質、存貨管理、目標成本制、倒推成本法

學習目標　讀完這一章，你應該能瞭解

1. 辨識品質與品質管理工具。
2. 評估品質成本與品質績效。
3. 存貨管理與經濟訂購量。
4. 及時生產系統與目標成本制。
5. 倒推成本法之應用。

引言

　　瑞展公司歷經了風雨飄搖的時期，公司營運逐漸穩定且營收持續成長。瑞展公司分為三大事業部門：分別為傳動事業部（主要事業部）、機械事業部、醫材事業部。並在工具機市場上，擁有極佳品牌信譽。這全賴佳年堅持品質的決心與生產部門同仁的共同努力。為了讓公司全體員工體認品質的重要性，佳年邀請了品質專家舉辦多場的講習會。講習會的內容包括品質管制工具（TQC 與 TQM、6 Sigma 等）、品質認證（ISO9000 系列與 QS9000 系列）及品質成本的估計等議題。希望藉此講習會的實施，能讓品質意識深植於公司全體員工。瑞展公司也想藉此機會，建立品質衡量的績效標準，希望釐清產品品質的責任歸屬並且期望進一步能降低因品質因素所造成的額外成本。

　　佳年一直想將及時生產管理（Just-in-time management）的理念實踐於產品的生產中，可是他深知唯有全體員工的品質意識提升，否則及時生產管理是不可能實現的。目前，瑞展公司除加緊對員工的品質訓練外，也責成研發與設計、採購及生產部門等經理針對及時生產管理實施的可能性進行評估。

(14-1) 認識品質與品質管理工具

　　品質是一種對產品或服務相對於它本身價值的要求程度。隨著經濟的繁榮與時代的進步，人們對於物質或服務的品質要求愈高。就消費者而言，品質就是能滿足消費者需求與期待的產品或服務，品質不見得是要最好的，但卻是要對消費者最適當的品質。對生產者而言，品質意指生產者為求合理利潤而以現有製造能力生產出消費者所滿意的產品品質。由生產者對品質的概念衍生出兩個品質特性：設計品質（quality of design）與一致性品質（quality of conformance）。

　　「設計品質」係指生產者可設計出符合顧客需求的程度。可設計出符合顧客需求的程度愈高，則顯示生產者的設計品質就愈高。因此，客製化產品被要求的設計品質是較高的，當然所耗費的產品成本也較高。「一致性品質」係指生產者是否可生產出與原設計規格一致的產品之程度。與原設計規格一致的程度愈高，則代表生產者的一致性品質愈高。設計品質關

專有名詞

設計品質
係指生產者可設計出符合顧客需求的程度。

專有名詞

一致性品質
係指生產者是否可生產出與原設計規格一致的產品之程度。

係著公司獲利能力的高低，而一致性品質則是公司所擁有製造能力的強度。兼具兩品質特性的情況下，生產者才能製造出令消費者滿意的產品，同時公司創造獲利，因此品質的提升與維持無疑是提升公司競爭力與創造公司價值的重要工具。

1960 年代以前，品質由控制而得，亦即品質控制[1]（quality control）。公司透過操作員、領班、檢驗員，甚至經由統計品質控制[2]（statistical quality control；SQC）來控制產品的品質。1960 年代以來，日本工業崛起及品質意識的抬頭，日本的製造業普遍實施全面品質控制[3]（total quality control；TQC）進而提升至全面品質管理（total quality management；TQM）。而今，企業普遍認為透過有效的管理與標準化制度與規章是可以獲致一定程度的品質水準。

目前企業實施的品質管理工具有全面品質管理、國際標準認證 ISO9000 系列以及 6 標準差。

一、全面品質管理

全面品質管理（total quality management；TQM）為公司的系統性管理活動。透過部門之間、組織之間（或公司之間）相互協調與合作下，以適時、適量、適價提供顧客某一品質的產品或服務，進而有效達成企業整體利益與目標。為求達成企業整體利益與目標，人的品質、系統及流程的品質、產品及服務的品質等三項品質必須有效地管理與控制。

> 為求達成企業整體利益與目標，人的品質、系統及流程的品質、產品及服務的品質等三項品質必須有效地管理與控制。

首先，TQM 的成功關鍵在於管理階層與員工的心態與意識。因此，組織內建立員工的品質意識，進而改變員工的價值與行為，以創造組織內部的品質文化。

1　Deming, W. E. 1982. Quality Productivity and Competitive Position. Massachusetts Inst Technology.

2　Shewhart, W. A. 1986. Statistical Method from the Viewpoint of Quality Control. Dover Publications.

3　Feigenbaum, A. V. 1983. Total Quality Control. McGraw-Hill.

其次，是內部組織間的合作與企業間的協同可幫助企業達成顧客要求的品質水準。為提升系統及流程的品質，企業必須進行流程的管理與改善、統計製程控制、實驗設計、田口方法（Taguchi approach）[4] 等方法來強化系統及流程的品質。

最後，產品及服務的品質提升始於立即的錯誤發現。因此，於產品生產或服務的現場中，立即地發現錯誤、立即地更正與改善，將是提升顧客滿意的不二法門。

二、國際標準 ISO9000 系列

ISO9000 系列為國際標準化組織（International Organization for Standardization; ISO）[5] 於 1987 年所制定的「品質管理及品質保證規格」。ISO9000 系列由 5 個細部規格所構成。ISO9001 為設計及售後服務的品質系統規格，它包括了設計、開發、製造、安裝及服務等的品質保證模組。ISO9002 為製造及安裝的品質系統規格，它包括了製造及安裝的品質保證模組。ISO9003 為最終檢查與測試的品質系統規格，它包括了最終檢查與測試的品質保證模組。ISO9004 為品質的指導綱要，它包括了品質管理及品質系統要素的操作依據。

ISO9001 至 ISO9003 屬外部的品質保證規格，而 ISO9004 屬內部品質保證規格。此外，因應地球暖化及環境保護，國際標準化組織也訂有環保相關的環保規格 ISO14000 系列。為此，我國環保署也於 1996 年 6 月成立了 ISO14000 專案小組，專責辦理與環保相關的產品評估規格的制定事項。

為取得 ISO9000 系列與 ISO14000 系列的認證，企業必須建立最基本的品質管理需求及文件系統化作業來改善組織與產品的流程。ISO 認證的及早施行，將有助於企業適應世界經貿的趨勢。

---

4 田口式品質工程是田口玄一（Taguchi Genichi）博士於 1950 年代所開發倡導。利用簡單的直交表實驗設計與簡潔的變異數分析，以少量的實驗數據進行分析，可有效提升產品品質。遂於日本工業界迅速普及，稱之為品質工程（Quality Engineering）。Taguchi, G. 1986. Introduction to Quality Engineering: Designing Quality into Products and Processes. Quality Resources

5 ISO 國際標準組織 http://www.iso.org/iso/home.htm.

三、六標準差（6 Sigma）

由於企業對於品質嚴格的要求下，六標準差的品質概念孕育而生。六標準差是利用統計學中的標準差概念來衡量流程中的瑕疵。標準差即是衡量企業流程的偏差值。達一個標準差時，表示百萬次作業中有 691,500 次的失誤，良率達 30.85%。若能達到六個標準差，則顯示百萬次作業中僅有 3.4 次的失誤，良率達 99.99%，產品或服務的品質已近乎完美（參見表 14-1）。

專有名詞

六標準差
利用統計學中的標準差概念來衡量流程中的瑕疵。
若能達到六個標準差，則顯示百萬次作業中有 3.4 次的失誤，良率達 99.99%，產品或服務的品質已近乎完美。

1980 年代，摩托羅拉公司（Motorola Co.）首次運用於該公司的產品與服務後，該公司的品質水準有了大幅改善，業績也成長了五倍。德州儀器公司（Taxes Instrument Co.）、IBM、聯合信號公司（Allied Signal Co.）、奇異電器公司（GE Co.）及花旗集團（Citi Group）亦成功運用六標準差並實際降低數百萬美元的成本。

表 14-1 六標準差對照表

標準差	每百萬次失誤數（PPM）	良率
1	691,500	30.85%
2	308,537	69.15%
3	66,807	93.32%
4	6,210	99.38%
5	233	99.97%
6	3.4	99.99%

14-2 評估品質成本與品質績效

在前一節中，詳細說明了品質的意義、品質的特性、品質管理工具以及品質管理對企業的影響。「品質」畢竟是抽象的概念，企業應如何衡量產品或服務品質？從生產面而言，企業可自產品的設計品質與一致性品質衡量品質達成的水準。

專有名詞
預防成本
為了提升一致性品質,企業從事多項預防品質不良的作業與工程,而這些作業與工程所耗費的成本。

在研發與設計階段,企業投入大量資金於產品的研發與設計以維護設計的品質。在生產製造階段,企業進行流程的管理與改革、統計製程管制、六標準差等品質控制相關技術來達成產品的一致性品質。因此,為了提升一致性品質,企業從事多項預防品質不良的作業與工程,而這些作業與工程所耗費的成本即為預防成本(prevention cost)。預防成本是品質管理中首先支出的成本項目。預防成本包括所有預防產品品質不良所耗費的資源。在產品產出前,若企業能有效管控產品瑕疵的出現,則維護品質所耗費的成本將遠低於因產品出現瑕疵而需重製的成本。

在估計預防成本時,品質工程與訓練、品管圈的實施、統計製程管制、各項品管技術的實施、流程(製程)的改革與改善、與供應商的技術合作與協同等作業中所耗資源皆須予以考慮(參見表 14-2)。現今的供應鏈體系中,企業與供應商之間緊密的合作關係將可進一步提升產品的一致性品質。因此,供應商對品質不良的預防有絕對的助力。

專有名詞
鑑定成本
為了及早發現不良產品或瑕疵品所進行品質維護的成本。

若產品已進入生產階段或在生產的過程中,為了及早發現不良產品或瑕疵品所進行品質維護的成本,稱之為鑑定成本(appraisal cost)。為了及早發現在生產流程中的不良產品,企業必須聘僱品管檢驗人員進行原料、在製品、製成品等檢驗與測試,甚至還須派員到顧客現場進行產品的測試與檢驗(參見表 14-2)。以生產效率而言,這些品質檢驗作業並無提升產品的附加價值(value-added),因此品質檢驗作業皆被認為是無附加價值的作業,品質檢驗作業所耗費的鑑定成本也被認為是昂貴而無效率的成本發生。目前,大多數的企業傾向訓練員工在所屬的工作責任範圍內,進行產品的品質檢驗與測試,而不另設品管檢驗員,以釐清員工的責任歸屬並深植品質意識於每一個員工內心。

表 14-2　品質成本的內容

預防成本		鑑定成本	
系統開發與建置		原料檢驗與測試	
品質工程與訓練		製程中的產品檢驗與測試	
品管控制與改善		最終產品的檢驗與測試	
品質資料的蒐集、分析與報告		檢驗與測試作業的監督	
統計製程管制作業		檢驗與測試之設備維修與設備折舊	
流程改善與再造		檢驗與測試場所之水電費用	
預防作業的監督		到顧客場所的檢驗與測試	
供應商評估、與供應商協同合作			
定期性設備維護			
內部失敗成本		外部失敗成本	
殘料處理成本		顧客申訴之處理成本	
損壞的處理成本		保固期間的維修與更換	
瑕疵品的處理成本		保固期間後的維修與更換	
重製所需的製造成本		產品召回	
重製品的再檢驗與測試		因產品瑕疵所招致的法律責任	
品質問題所致之停工損失		因品質問題所引起的退貨與折讓	
		因品質問題所導致的品牌信譽的損失	

　　當產品已到完成階段卻無法達成顧客所交付的設計品質及一致性品質時，因原料的浪費、產品重製、因品質問題而須停工所造成的損失、產品保固、產品召回、聲譽的損失等所耗之費用即為失敗成本。失敗成本可分為內部失敗成本（internal failure cost）與外部失敗成本（external failure cost）。在產品尚未交付顧客前，因產品不良所耗費的成本即是內部失敗成本。例如：產品毀損與不良所造成的原料浪費、產品重製所耗的製造成本、重製品的檢驗與測試以及因品質問題而必須停工的損失，皆屬於內部失敗成本（參見表 14-2）。相反地，產品已交付顧客後，因產品不良而必須維護企業聲譽所發生的成本即是外部失敗成本。例如：顧客的申訴、保固期的維修與測試、產品召回、產品不良危及人身安全而造成的法律訴訟、因品質降低而受損的企業聲譽等，皆屬外部失敗成本（參見表 14-2）。

專有名詞

內部失敗成本
在產品尚未交付顧客前，因產品不良所耗費的成本即是內部失敗成本。

專有名詞

外部失敗成本
產品已交付顧客後，因產品不良而必須維護企業聲譽所發生的成本。

　　預防成本、鑑定成本、內部失敗成本與外部失敗成本等四項成本合計後，即為公司的總品質成本。一般而言，品質水準較低的企業其內部失敗成本與外部失敗成本占總品質成本的比重較大，而預防成本與鑑定成本占總品質成本的比重較小。當總品質成本過高時，即顯示該公司的產品的一致性品質過低。此時，企業必須負擔高額的內部失敗成本與外部失敗成本，以便挽回企業的聲譽。相對地，若企業願意支付較多的預防成本與鑑定成本來維護產品的品質，除可提升產品品質外，還可因產品不良率的降低而節省了未來可能支付的內部失敗成本與外部失敗成本。

　　為達成品質改善的目的，企業通常編製品質成本報告表（report of quality cost）來評估各項品質成本的金額及其所占銷貨金額的比例。

　　瑞展公司在醫療器材市場上享有盛名，佳年深知產品的品質保證是刻不容緩的大事，因此責成財務部范經理及生產部吳經理編製品質成本報告表，以便瞭解公司為了維護品質所付出的代價。范經理根據吳經理所提出的 20X1 年與 20X2 年的生產資料數據，編製了兩年度的品質成本報告表（參見表 14-3）。表中，兩年度的預防成本與鑑定成本的合計金額均大於內部失敗成本與外部失敗成本的合計金額，顯見瑞展公司在品質的維持上不遺餘力。瑞展公司於 20X2 年投入更多系統開發與流程的改善等品質管理相關的預防成本，試圖進一步提升產品品質。結果，當年度的銷貨收入有明顯增加，顯見瑞展公司的品質管理已獲得一定程度的功效。未來，瑞展公司將致力於產品的品質提升，以更有效抑減內部失敗成本與外部失敗成本的發生機會。

表 14-3　品質成本報告表

	瑞展公司 品質成本報告表			
	20X2 年		20X1 年	
	金額	百分比*	金額	百分比*
預防成本：				
系統開發與建置	750,000	0.94%	580,000	1.16%
品質工程與訓練	100,000	0.13%	51,000	0.10%
品管控制與改善	63,000	0.08%	48,000	0.10%
統計製程管制作業	50,000	0.06%	60,000	0.12%
流程改善與再造	70,000	0.09%	60,000	0.12%
預防作業的監督	120,000	0.15%	100,000	0.20%
與供應商技術合作與協同	250,000	0.31%	250,000	0.50%
定期設備維護	400,000	0.50%	300,000	0.60%
預防成本合計	1,803,000	2.26%	1,449,000	2.90%
鑑定成本：				
原料、產品檢驗與測試	65,000	0.08%	80,000	0.16%
檢驗與測試作業的監督	400,000	0.50%	500,000	1.00%
檢驗與測試之設備維修與設備折舊	75,000	0.09%	75,000	0.15%
到顧客場所的檢驗測試	15,000	0.02%	20,000	0.04%
鑑定成本合計	555,000	0.69%	675,000	1.35%
內部失敗成本：				
殘料處理成本	42,000	0.05%	56,000	0.11%
損壞品的處理成本	20,000	0.03%	32,000	0.06%
瑕疵品的處理成本	55,000	0.07%	70,000	0.14%
重製所需的製造成本	70,000	0.09%	80,000	0.16%
重製品的再檢驗測試	30,000	0.04%	50,000	0.10%
品質問題所致之停工損失	70,000	0.09%	100,000	0.20%
內部失敗成本合計	287,000	0.37%	388,000	0.77%
外部失敗成本：				
顧客申訴之處理成本	60,000	0.08%	95,000	0.19%
保固期間的維修與更換	150,000	0.19%	210,000	0.42%
保固期間後的維修與更換	200,000	0.25%	340,000	0.68%
外部失敗成本合計	410,000	0.52%	645,000	1.29%
總品質成本	3,055,000	3.82%	3,157,000	6.31%

* 銷貨百分比：佔銷貨總額之百分比。20X1 年銷貨總額為 $50,000,000，20X2 年銷貨總額為 $80,000,000。

14-3 存貨管理與經濟訂購量

前一節詳細介紹了產品品質是維持企業競爭優勢的關鍵，而企業的存貨管理也主導了營運活動的效率性。過多的存貨將造成存貨持有成本的提高，而過少的存貨將導致銷售機會的喪失。存貨的管理與控制已成為企業重大的課題。

一、存貨管理

所謂存貨管理係指企業對零件及存貨的採購、訂購、倉儲、品質維護以及缺貨的可能性等相關成本的管理與控制。以下對於存貨管理的相關成本加以說明：

1. 採購成本（purchasing cost）：購置零件及存貨主要的費用。除此之外，尚須包括進貨的運費或運送時的保險費等。採購成本也可能因訂購量的多寡所享有的折扣或供應商的信用交易條件的關係而有所增減。

2. 訂購成本（ordering cost）：包括採購訂單的編製與發送、以及貨到後的存貨驗收與發票的核對等相關成本的發生。

3. 持有成本（carrying costs）：係指儲放零件及存貨所需的倉儲成本、倉儲的租金、保險等費用。尚須包括因存貨的積壓而導致資金凍結的機會成本，還有存貨的老舊及毀損所造成的損失等，皆屬於存貨的持有成本。

4. 品質成本（quality costs）：係指維護存貨品質所支付的成本。如同前節中提到的預防成本、鑑定成本、內部失敗成本與外部失敗成本等。

5. 缺貨成本（stockout costs）：係指因缺貨而喪失銷貨的機會成本。有時，因缺貨而必須緊急調貨所造成的訂購成本、運輸成本等相關成本也屬於缺貨成本。

拜資訊科技之賜，現今的企業藉由電腦的輔助，可精確地預估顧客需求量、適當的訂購時點以及最經濟的訂購量。甚至透過條碼系統及無線射頻系統（Radio Frequency Identification；RFID），精確掌控存貨的進貨與出貨的情形。

二、經濟訂購量

存貨的訂購與採購時，會計人員詳細記錄了各項與存貨有關的成本。這些成本資訊將有助於企業日後進行存貨採購的決策制定。在不缺貨的情況下，企業傾向訂購最適當、最經濟的存貨量以求採購、訂購等存貨成本最低。

通常，訂購的數量愈多，訂購成本愈低；相反地，訂購數量多時，則存貨的持有成本則會提高。因此，訂購成本與持有成本呈反向關係。當訂購成本等於持有成本時，則是最經濟的訂購數量（economic order quality；EOQ）。

> 當訂購成本等於持有成本時，則是最經濟的訂購數量。

訂購成本：$\dfrac{A}{Q} \times O$

    A：年訂購量

    Q：一次訂購的存貨量

    O：訂購一次的成本。

持有成本：$\dfrac{Q}{2} \times C$

    Q／2：平均存貨量

    C：存貨一年的持有成本。

當 $\dfrac{QC}{2} = \dfrac{AO}{Q}$ 時，成本最小，因此最佳訂購量（經濟訂購量 EOQ）為：

$$EOQ = \sqrt{\frac{2AO}{C}} = \sqrt{\frac{2 \times 年訂購量 \times 每次訂購成本}{存貨持有成本}}$$

釋例

瑞展公司製作各式齒輪所需的鋼材的年需求量為 300,000 公噸。鋼材直接向中鋼公司購買，包括下單、運送、驗收等相關的單次訂購成本為 $40,000。鋼材需要儲藏並定期檢查，因此平均每公噸的鋼材持有成本為 $50。

$$EOQ = \sqrt{\frac{2AO}{C}} = \sqrt{\frac{2 \times 300,000 \times \$40,000}{\$50}} = 21,909 \text{ 公噸}$$

因此，最佳的單次訂購量約為 21,909 公噸。

成會焦點

嚴控成本錯了？三星大復活提前破功

「最好的安卓（Android）新手機。」這是《華爾街日報》日前對三星（Samsung）最新手機 Note 7 的評語。然而僅半個月後，該手機卻因電池起火事件而被召回。三星最新淨利創兩年來新高、股價創歷史新高的喜悅，也因此被一掃而空。

圖片來源：INSIDE

Note 7 上市五天內預約銷售量即破 30 萬支，原本三星預估它能延續今年 3 月上市的 S7 銷售熱潮，如今電池起火事件恐將讓此希望破滅。雖然至今 Note 7 不良率不及 0.01%（每 100 萬支手機中有 24 支是不良產品），但三星已宣布將召回賣出的 145 萬支，以及在各國庫存中的 105 萬支。

彭博（Bloomberg）引述瑞士信貸（Credit Suisse）等機構預測，召回將使三星付出 10 億美元（約合新台幣 320 億元）代價，占今年全年預估淨利的 5%。電池起火事件爆發後，三星市值一天內蒸發 70 億美元（約合新台幣 2,240 億元）。

此事對三星近來蒸蒸日上的手機業務是一大打擊。事件爆發前，三星股價今年來上漲超過三成，8 月 23 日股價更創歷史新高，這是它不到一個月內第四次刷新紀錄，其成長動力來自亮眼財報：今年第 2 季三星營業利益成長 17%，創九季新高（破 8 兆韓元，約合新台幣 2290 億元），其中逾半來自通訊部門貢獻，首要功臣就是今年推出的手機 Galaxy S7。

研究機構 PhoneArena 統計，S7 自三月推出以來，至六月底止賣出二千六百萬支，是今年上半年全球銷量最好的手機。S7 大賣，反映的是三星近來的策略轉型：軟、專、快，讓三星獲市場青睞，但這次電池起火卻暴露其轉型仍有隱憂，首先就是壓縮成本的代價。去年 S6 Edge 曲面手機因生產成本過高、產量有限，導致銷售不佳，今年 S7 吸取教訓而大賣，但調查機構 IHS 分析，S7 硬體成本（不含軟體及行銷費用）約 255 美元，和兩年前的 S5 相近。這次 Note 7 電池起火，三星雖未公布電池供應商名單，然而過去三星的電池，有七成是同集團公司「三星 SDI」供應，事件爆發後三星已停止向其採購。延世大學經營學院教授申東燁對韓國《中央日報》表示，「三星應藉此機會，改變以成本競爭為核心的策略。」

資料來源：《商業周刊》第 1504 期

三、再訂購點

為了不因缺貨而使生產線斷線或有銷售損失，何時須再訂購，就變得非常重要。再訂購點之決策制定，須考量從下單到存貨送達的時間長短（等待時間，或稱前置時間（lead time））及存貨消耗的速度而定。

1. 前置時間及平均使用量均固定

　　若前置時間與平均使用量均固定，則再訂購點為：

　　　　再訂購點 ＝ 前置時間 × 平均使用量

　　平均使用量，可以是日平均使用量，也可為週平均使用量，甚至為月平均使用量。

> **釋 例**
>
> 　　瑞展公司鋼材訂購的前置時間約為 15 天，月平均使用量約為 25,000 公噸。因此，
>
> 　　　　再訂購點 ＝ 0.5 月 × 25,000 公噸 / 月＝ 12,500 公噸
>
> 　　當存貨存量達 12,500 公噸時，必須下達訂購的指令，以防存貨的短缺所造成的停工損失。

2. 前置時間固定，但使用量可能變動

　　若使用量隨顧客需求而有所變動時，必須留有部分的安全存貨量，以因應非預期性的需求、或運送的延遲所導致的停工損失。

　　　　安全存量 ＝ 某期間內最大的預期使用量 － 平均使用量

　　考量安全存量後的再訂購點應為：

　　　　再訂購點 ＝（前置時間 × 平均使用量）＋ 安全存量

> **釋 例**
>
> 　　根據過去經驗，20X1 年 8 月瑞展公司的鋼材使用量達 30,000 公噸。若考慮安全存量，則再訂購點為：
>
> 　　　　安全存量 ＝ 30,000 公噸 － 25,000 公噸 ＝ 5,000 公噸
>
> 　　　　再訂購點 ＝（0.5 月 × 25,000 公噸 / 月）＋ 5,000 公噸
>
> 　　　　　　　　＝ 17,500 公噸
>
> 　　當鋼材存量達 17,500 公噸，即須下達訂購的指令。

透過經濟訂購量模式，企業可以有效管控存貨存量並有效抑制存貨的管理成本。然而，有效抑制存貨的管理成本最佳的辦法應該是及時生產系統中的及時採購存貨模式。及時採購模式（just-in-time purchasing）係指配合生產的流程，及時採購原料或存貨以供應當前的產品製造所需。及時採購模式若能實現，則存貨的持有成本可能很低，甚至可能不存在，那麼存貨的管理成本將大幅降低。企業須實現迅速而有效率的及時生產系統爲前提，並配合堅實的供應鏈夥伴體系下，及時採購模式才得以運行。下節中，將詳細說明及時生產系統的全貌。

> **專有名詞**
> 及時採購模式
> 配合生產的流程，及時採購原料或存貨以供應當前的產品製造所需。

14-4 目標成本制與改善成本制

一、目標成本制

> **專有名詞**
> 目標成本制
> 係指新產品研發與設計階段，公司整體性的利潤規劃管理。

目標成本制（Target Costing）係指新產品研發與設計階段，公司整體性的利潤規劃管理。換言之，目標成本制規劃了產品從研發到進入量產所有可能的成本發生，而能使該產品的最終成本可以維持在某一預定的水準上。因此，目標成本制爲新產品開發過程中企業整體的收益管理（圖 14-1）。

目標成本制的起點始於消費者的需求。因應消費者的需求開發與企劃新產品，就市場競爭的現況訂定該新產品的目標收益從而決定其目標成本（target cost），在達成品質、所預定之完成時間（lead-time）及目標成本等三項任務下，企業全體性的產品企劃活動。

實施目標成本制時，首先必須進行企業的整體性策略規劃。企業的策略規劃中，企業必須對新產品的生命週期、中長期利潤、商品企劃等有具體的構想與研發方向，爲目標成本制實施的第一階段。

對新產品有具體構想後，即進行新產品的細部規劃。新產品的細部規劃包括：新產品的目標銷售價格與目標成本的決定、廠房投資計畫及目標成本的分攤，此爲第二階段。

第三階段則進行產品的設計。此階段主要任務在於新產品的設計與產品設計階段時的成本估計。新產品的細部設計與各項成本分攤業已決定

時，則進入新產品的試作階段。新產品通過試作的考驗後，隨即進入量產階段。

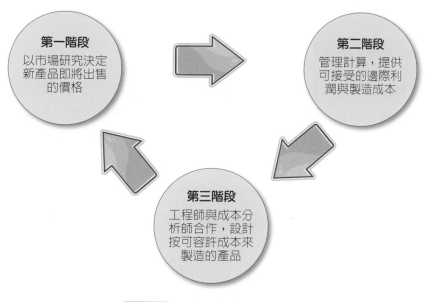

圖 14-1 目標成本制實施過程

實施目標成本制最大用意在於使量產後的產品成本能夠符合當初研發與設計階段所規劃的目標成本。價值工程法（value engineering）或稱價值分析（value analysis）是達成此目的最大的利器。研發與設計人員利用價值工程法重新審視新產品相關的設計、零件屬性與製造流程，嘗試改變產品設計、簡化製造流程，並試圖尋找共通性的原料與零件，以期新產品的研發、設計與製造等成本的花費可以降至可容忍的範圍內。因此，價值工程法可說是成本降低與流程改善的工程技術。

瑞展公司欲研發新型齒輪，以改善現有齒輪密合度不足的缺點。目前市場上可競爭的產品單位售價大約在 $5,000 左右，而瑞展公司研發的新型齒輪預計售價可訂在 $6,000 左右。為了獲得合理的利潤，瑞展公司將單位目標利潤訂在 $2,000。因此，瑞展公司為此新產品所能花費的單位目標成本僅有 $4,000。

實施目標成本制的起點由研發開始，歷經產品的設計、試作，到新產品的開始量產為止，利用價值工程法嘗試對新產品進行成本的抑減活動。期能在各部門的協同合作下，盡力使新產品的單位成本維持在 $4,000 以下。

總而言之，目標成本制為新產品的研發與設計階段的成本規劃活動。此制度下，促使研發與設計人員自新產品的研發階段開始，即進行成本抑減的活動，以有效管控成本的發生。

二、改善成本制

目標成本制用於新產品的研發與設計階段時的成本降低，而改善成本制（Kaizen costing）則是對正在生產的產品於生產階段所進行的成本抑減活動。改善一詞即為日文之「改善」與中文的改善、改良或改進等詞同義。改善成本制的實施為持續性改進（continuous improvement）的概念，即在產品的生產過程中，不斷地檢視產品的生產流程、產品品質、原料與零件的共通性等，並持續盡力減少無附加價值的作業，以期能降低產品的成本。

改善成本制的精神在於達成各工作小組自設的成本改善目標。各工作小組根據前期實際發生的成本訂定本期成本改善的額度，此成本改善額度即為當年度預定的成本降低率或成本降低金額。為了達成此成本改善的目標，小組成員透過腦力激盪的方式思考生產流程的改進、品質的提升、產品的設計與零件的共通性等議題，試圖找出能提高生產效率並具成本效益的流程，以達成成本改善的目標。

於第 6 章中，曾說明標準成本制度的精神與運用的情形。在做法上，改善成本制與標準成本制有其雷同之處。兩成本制度下，均有進行實際成本與標準成本之間的差異分析。只是改善成本制強調的是成本的降低，而標準成本制則是強調成本的維持。另一方面，改善成本制著重的是成本改善額度的制定，以及目標改善額度與實際改善額度之間的差異大小。相反地，標準成本制考量的是標準成本的訂定，以及實際成本與標準成本之間的差異比較，如表 14-4 所示。

改善成本制度下，促使企業關心成本的降低而非成本的維持。只有持續性的改善（continuous improvement）才能有效維持企業的競爭優勢。

表 14-4　改善成本制與標準成本制之比較

成本制度	改善成本制	標準成本制
概念	1. 成本降低 2. 成本降低的達成 3. 視需要而隨時改變生產狀況	1. 成本維持 2. 不輕易變動生產狀況
程序	1. 成本的目標降低額每月設定改善活動（Kaizen activity）持續進行 2. 目標降低額與實際降低額之間的差異分析 3. 對未能達成目標降低額度的原因調查及更正措施	1. 每一年或半年設定一次標準成本 2. 標準成本與實際成本間的差異分析 3. 對未能達成標準成本水準的原因調查及更正措施

14-5 倒推成本法之應用

　　倒推成本法（backflush costing）因應及時存貨管理所創造的成本會計制度。由於及時存貨管理制度中，原料及在製品的存貨甚少之故，因而將此兩會計帳戶合併成「原料與在製品」帳戶。作法上，首先將當期的生產成本（原料、人工及製造費用）直接轉入「銷貨成本」帳戶中，並不另設「製成品存貨」科目。期末時，依據原料及在製品的盤點金額以調整當期的實際銷貨成本金額（如圖 14-2）。此記帳作法如同 「記虛轉實」的會計調整模式。有時，期末存貨的金額過小而不具重要性時，可能省略銷貨成本的調整。不過，這樣的會計處理並不符合 GAAP，所以即使期末存貨金額過小，也須進行調整以反映當期實際的銷貨成本。

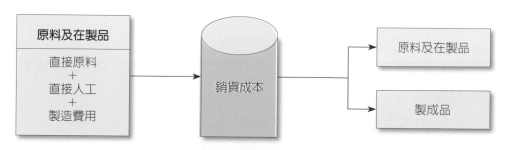

圖 14-2　倒推成本法之成本流程

以下就瑞展公司實施倒推成本法爲例，進行詳細說明。

┏ 釋 例 ┓

瑞展公司 20X1 年 4 月份相關資料如下：

1. 4 月份期初存貨中，原料及在製品存貨 30,000（原料：$20,000，加工成本：$10,000），製成品存貨 $350,000（原料：$240,000，加工成本：$110,000）。

2. 4 月份購入直接原料 $5,000,000。

3. 4 月份發生加工成本（直接人工與製造費用）$4,600,000。

4. 4 月底實地盤點原料及在製品存貨 $30,000（原料：$20,000，加工成本：$10,000），製成品存貨 $120,000（原料：$65,000，加工成本：$55,000）。

4 月份購買直接原料 $5,000,000，並將原料及在製品存貨轉入銷貨成本

原料及在製品存貨	5,000,000	
應付帳款		5,000,000
銷貨成本	5,000,000	
原料及在製品存貨		5,000,000

4 月份發生加工成本 $4,600,000，並將加工成本轉入銷貨成本

原料及在製品存貨	4,600,000	
各種貸項		4,600,000
銷貨成本	4,600,000	
原料及在製品存貨		4,600,000

4 月底盤點時，原料及在製品存貨 $30,000，製成品存貨 $120,000

原料及在製品	30,000	
製成品存貨	120,000	
銷貨成本		150,000

經過結算的結果，4 月底原料及在製品存貨、製成品存貨、銷貨成本的餘額為：

原料及在製品存貨	30,000
製成品存貨	120,000
銷貨成本	9,450,000

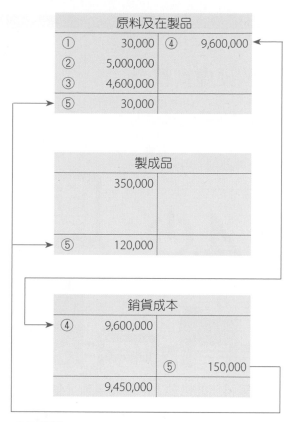

圖 14-3 倒推成本法三帳戶之金額移轉情形

　　倒推成本法是實施 JIT 管理系統所進行的權宜會計制度。在 JIT 管理系統下，製造的前置時間很短而且每期的存貨數量皆很穩定之故，採用倒推成本法可節省分批成本制度中的會計帳務處理工作。另一方面，JIT 管理系統簡化了製造流程，促使各項成本的發生更容易歸屬，使得倒推成本法更可精確地計算不同產品的預計成本。這對產品的訂價、決策制定以及成本管理皆有很大助益。

成會焦點

工業 4.0 智慧製造躍進軟硬虛實整合

　　在工業 4.0 與物聯網、大數據等科技的帶動下，硬體革新、軟體升級、軟硬整合不斷演進，智慧製造已成為不可擋的主流。根據拓墣產業研究所預估，2018 年全球智慧製造及智慧工廠相關市場規模，將高達 2,500 億美元。圍繞智慧製造的主軸，未來產業將告別大量生產的規模經濟，趨向小批量、客製化、彈性化服務，並衍生各種數據分析、經營管理等加值服務。物聯網、人工智慧、雲端運算、大數據、虛實整合等新興科技，都將引導智慧製造進行產業革新。此外，智慧製造的標準技術訂定，也將成為各產業與各國家爭奪話語權的利器，因此國際間已有開放互連聯盟（OIC）、工業物聯網聯盟（IIC）、國際標準化組織（ISO），我國的 KPMG 安侯建業也在去年 10 月集結國內七家業者，籌組「智慧製造與創新服務跨領域聯盟」，積極搶佔商機。

案例一：紡織智造產線優化增加良率

　　位於桃園市楊梅區的力鵬織布廠，在自動化的整經機上，加上單紗張力感測器，可即時連續感測出 1,000 ～ 1,400 根紗中每一根紗的張力，並且為漿紗機加上濃度、溫度感測器，確保漿紗濃度、溫度都在最佳狀態。透過異質網路連線，以共通通訊介面串連廠內機台，所有生產訊息都能在網路上一覽無遺，並結合最終織造的胚布品質資訊，透過建立張力特徵與織物品質關聯模型，提供優化的製程參數，在製造時發現潛在異常就能預先提出警訊，有利於提早排除問題，降低瑕疵率。

案例二：半導體智造展現世界第一競爭力

　　台積電經營的三大信念之一，就包含了製造卓越（manufacturing excellence）而其領先全球的先進製造祕密，就在於結合大數據、類神經網路自我學習等智慧精準製造科技，應用在製程管理，降低生產週期、準時交貨，擴大產業領先優勢。目前台積電 10 奈米晶片的生產週期為 1.1～1.2 天，將致力於提升至一層一天。在工廠管理部分，晶圓廠內設有數千台機器每台生產機台安裝上千個感測器，即時提供溫度、氣體流量、電流等最佳的調機參數組合。每天經由產線收集到的大量資訊，透過大數據與機械學習加以善用，工廠管理系統可以在一分鐘之內，計算出最佳生產排列組合，達成超高準時交貨率、較對手更快的產品生產週期。

案例三：電機智造生產線升級為智慧工廠

　　東元電機在今年（2017）6 月正式啟用「馬達固定子自動化生產中心」，工廠內共設置 50 個無軌式無人搬運車站點、1,225 個運送路徑，系統精準推算距離最短、最為高效的路徑，並要達成互不碰撞等安全考量，所有無人搬運車的承載重量高達一噸重，並能進行物件取放、搬運，在廠內靈活安全地移動。在這個生產中心內，運用 3D 視覺機械手臂、無人搬運車及自動捲入線機等先進設備，將生產線升級為智慧工廠，更是亞洲規模最大、設施最完備、技術規格最高的工業用馬達智慧產線，未來將以大量客製化、彈性化生產取得最大競爭優勢。

資圖來源：《商業週刊》

📋 問題討論

品質成本與決策

甚為重視產品品質的佳年對 20X2 年的生產部門所提出的品質成本報告（參考表 14-3）頗有微詞。比較 20X1 年的品質成本報告，20X2 年為維護品質所付出的成本的確是比 20X1 年來得低，然而 20X2 年的內部失敗成本與外部失敗成本占總品質成本的比例並未明顯降低。而且從品質成本報告可得知，花在檢驗與測試的成本極高。

另一方面，瑞展公司已開始試行及時生產系統（JIT systems），但在供應商的協調與原料調度上，企業組織內部，特別是生產部門並未投入全部的人力與物力進行改革與改善。這從品質成本報告中的預防成本項目的「與供應商之技術合作與協同」所耗費之成本可略知一二。

整體而言，瑞展公司的品質提升尚有空間。若實施及時生產系統，品質提升將刻不容緩。

問題一：

請評論瑞展公司的品質成本報告。當務之急，瑞展公司應立即改善哪方面的品質缺失？

問題二：

還有品質成本報告對實施及時生產系統有何助益？

討論：

從品質成本報告可得知企業花在品質維護及品質提升的費用，由這些項目的花費金額之大小可以觀察出品質缺失的輕重程度。此外，「品質」在及時生產系統中，是一項重要的議題。及時生產系統的成功導入在於企業對產品品質的重視。

本章回顧

　　本章探討製造流程中所衍生的產品品質、成本降低等流程管理的議題。品質提升向來是企業提升顧客滿意程度的唯一途徑。企業透過各種不同的品質工具,例如:ISO 認證、全面品質管理、6 標準差等品質工具試圖提升產品的品質,並透過品質成本表的編製來進一步檢視因品質維護所耗之成本消長情形,以追蹤品質改善的程度。

　　除了品質提升,企業也須專注在生產流程的改革與改善,以有效降低產品的成本。及時生產制度(JIT system)、目標成本制及改善成本制等制度的實施將有助於企業解決「成本降低」、「品質管理」及「人員訓練」等問題。惟實施上述較具效率的生產制度需要企業強烈的企圖心與意志力,並配合企業內外部組織的整合與協調,始能達成。

本章習題

一、選擇題

( ) 1. 甲公司無期初的直接原料與製成品存貨，亦無期初與期末在製品，加工成本為其所使用的唯一間接製造成本科目。該公司採用逆算成本制，並於購買原料與銷售產品時做分錄，當期相關資料如下：加工成本 $50,000，購買直接原料 $150,000，產量 1,000 單位，銷量 900 單位。下列何者是銷售產品時所應作之分錄？

(A) 借：銷貨成本 180,000，貸：應付帳款 135,000、已分攤加工成本 45,000

(B) 借：銷貨成本 180,000，貸：原料 135,000、已分攤加工成本 45,000

(C) 借：銷貨成本 180,000、原料 20,000，貸：已分攤加工成本 65,000、原料 135,000

(D) 借：銷貨成本 180,000、製造成本 20,000，貸：原料 150,000、已分攤加工成本 50,000。 （106 高考會計）

( ) 2. 通常企業會採用逆算成本制主要係基於下列那一項原則或目的？

(A) 有效抑減生產成本　　　　(B) 配合及時製造制度

(C) 成本配合原則　　　　　　(D) 使產品訂價更為正確。 （106 高考會計）

( ) 3. 木柵公司之製造與採購作業採及時制度（JIT），因此公司會計紀錄採倒流式成本法，分錄之記錄點設於製成品完工及產品銷售時。該公司 10 月份之直接材料並無期初存貨，10 月份亦無任何期初與期末之在製品存貨，10 月份之其餘相關資訊如下：

產品單位售價　　$12

銷售單位數　　75,000

製造單位數　　80,000

加工成本　　$90,400

購入直接材料　$250,400

請問 10 月份製成品完工時應有之分錄為何？

(A) 銷貨成本　　　　　　　　　319,500

　　　存貨：原料及在製品　　　　　　　234,750

　　　已分攤加工成本　　　　　　　　　84,750

(B) 製成品	319,500	
存貨：原料及在製品		234,750
已分攤加工成本		84,750
(C) 製成品		340,800
存貨：原料及在製品	250,400	
已分攤加工成本		90,400
(D) 製成品	340,800	
應付帳款		250,400
已分攤加工成本		90,400

（105 會計師）

( ) 4. 下列何者並非及時（JIT）存貨制度的優點？

(A) 減少存貨所需的倉儲空間　(B) 減少缺貨（stock-out）成本

(C) 減少材料處理成本　　　　(D) 降低檢查成本與整備（setup）時間。

（105 鐵路高員）

( ) 5. 丁公司 X3 與 X4 年度之營運資料如下，丁公司 X4 年度直接原料之偏生產力為何？

	X3 年度	X4 年度
產出數量	150,000	135,000
直接原料用量	120,000	90,000

(A) 0.5　(B) 0.67　(C) 1.5　(D) 2。　　　　　　（106 鐵路高員）

( ) 6. 某服飾店每年的產品需求量為 36,000 單位，每日最大需求量為 125 單位，每年的存貨持有成本為每單位 $25，產品訂購成本每次 $80，平均訂購前置時間為 10 天。若訂購前置時間最長為 20 天，則預防缺貨的安全存量應為何？假設一年以 360 天計算。

(A) 1,000 單位　(B) 1,200 單位　(C) 1,400 單位　(D) 1,500 單位。

（106 鐵路高員）

( ) 7. 就下列四種品質成本而言，那一種最具有附加價值？

(A) 預防成本　(B) 鑑定成本　(C) 內部失敗成本　(D) 外部失敗成本。

（106 會計師）

( ) 8. 甲公司 20X3 年 6 月份與品質成本有關之資料如下，下列敘述何者正確？

製成品質之稽核成本	$8,000	供應商之評估成本	$2,000
外購零件之檢驗成本	$5,000	生產線之檢驗成本	$3,000
重製數量	300 單位	不良品單位售價	$30
不良品退回數量	200 單位	重制單位成本	$15
良好品單位售價	$80	退回處理單位成本	$10

(A) 甲公司 6 月份預防成本為 $8,000

(B) 甲公司 6 月份鑑定成本為 $10,000

(C) 甲公司 6 月份總失敗成本為 $16,500

(D) 甲公司 6 月份總品質成本為 $32,500。 （106 會計師）

( ) 9. 對存貨管理而言，若不考慮安全庫存，則下列何者為再訂購點的正確計算方式？

(A) 前置期間（lead time）內每天的預期需求量乘以前置期間天數

(B) 使訂購成本（order costs）與持有成本（carrying costs）總和最低的數量

(C) 經濟訂購量（economic order quantity）乘以前置期間的預期需求量

(D) 前置期間內預期總需求量的平方根。 （106 會計師）

( ) 10. 丙公司每週出售 200 片光碟，訂購前置時間為 1.5 週，經濟訂購量為 450 單位，請問再訂購點為何？

(A) 200 單位　(B) 300 單位　(C) 675 單位　(D) 750 單位。（106 高考會計）

二、計算題

1. 恆春公司生產電視機，去年該公司發生了下列成本：

品管圈訓練	$ 4,000
產品保證維修	10,000
採購零件檢查	3,000
顧客抱怨處理	4,000
產品耐用度測試（設計階段）	5,000
產品耐用度測試（生產階段）	6,000
產品傷害賠償	21,000
產品試製	2,000
瑕疵品重製	6,000

停工撿查瑕疵原因	11,000
維修產品運費	7,000
零件供應商輔導	8,000
瑕疵產品廢棄	12,000
產品色彩檢查	4.000

試作：

(1)恆春公司去年所花費之預防成本、鑑定成本、內部失敗成本、外部失敗成本分別為多少？

(2)根據 (1) 所算出之品質成本分配，該公司在品質管理作為上，應該作何種改進策略？ 　　　　　　　　　　　　　　　　　　　　　　　　　　　　（97 會計師）

2. 忠孝公司每年銷售擋風玻璃約 200,000 單位，有關資料如下：

(1)擋風玻璃單位購價 $20，但運費由忠孝公司自行負擔（由日本進口），由日本運至基隆港每次海運運費為 $1,000，由基隆港再運至公司，運費為每次 $200，再加每單位 $2。

(2)運到公司後，由員工將其卸貨，並搬至倉庫，每位員工每小時可卸貨 20 單位，另卸貨設備為租用，每次租金 $100。

(3)倉庫每年租金 $5,000。

(4)存貨儲存，平均每單位每年保險費 $5。

(5)每訂購一次，約需增加處裡成本 $40。

(6)人工成本每小時 $10。

(7)公司稅後資金成本率為 12%，所得稅率為 40%。

試作：

(1)計算該公司之經濟訂購量。（四捨五入取整數）

(2)承 (1)，但供應商規定採購量必須為 100 單位之倍數，則經濟訂購量為何？

　　　　　　　　　　　　　　　　　　　　　　　　　　　　（98 會計師）

3. 乙家具行生產並販售家具，每年需求量為 10,000 單位，下列為其存貨相關資料：

每次訂購成本	$150
每單位倉儲成本（含資金成本）	$1.4
每單位採購成本	$16

乙家具行要求每年最低投資報酬率為 10%，請問經濟訂購量為何？

產品設計成本	$4,750	退貨產品成本	$3,000
員工順練成本	$3,750	製成品可靠性測試成本	$2,750
售後服務維修成本	$4,700	設備當機成本	$2,550
半成品抽測成本	$3,500	生產流程檢查	$2,000

4. 甲公司相關品質成本匯總如下：

試問：屬於鑑定成本的成本總額為何？

5. 南陽公司對原料甲的需求量每年為 5,000 單位，經濟訂購量為 500 單位，前置時間的存貨耗用量為 80 單位，每次缺貨成本 $60，每年每單位存貨持有成本 $5，不同安全存貨水準下的缺貨機率如下：

安全存貨量（單位）	缺貨機率
20	50%
40	30%
60	20%
80	10%

請計算再訂購點為多少單位？

6. 東榮公司年度估計的材料需求量為 30,250 單位，每次材料訂購成本 $200，每年每單位材料持有成本 $10，供應商僅接受以 500 單位為倍數的訂購方式，請計算最適訂購量？

7. 甲公司為配合 JIT 制度，因此在成本計算方面採用逆算成本制，分別於材料購入及產品銷售此二時點來記錄其相關之分錄，加工成本係唯一的間接製造成本，下列係該公司某月份之相關資料（設無任何期初存貨）：

購入直接材料	$240,000	加工成本	$120,000
製造單位數	80,000	單位銷售單位數	75,000

8. 請問該公司於當月銷售產品時，應有之分錄為何？丙公司銷售商品 S 之每單位購價為 $5，年需求量為。134,064 單位，訂購商品 S 時係以盒為基礎，每盒內裝 12 單位。該公司每次訂購之訂單處理成本為 $500，每盒商品 1 年之倉儲成本為 $18，若丙公司之資金成本率為 8%，則商品 S 之經濟訂購量為？

9. 甲公司的成本項目包括：設計工程 $50,000；重製成本 $20,000；顧客支援成本 $12,000；供應商訓練 $8,000；產品測試 $35,000；品質訓練 $25,000；保證修理 $10,500；機器歲修成本 $15,000，則屬於預防成本的金額為？

10.乙公司以生產電暖器為主，乙公司的品質成本報告中包含下列成本項目：設計工程 $16,000，產品測試 $60,000，生產中發生瑕疵品重製 $36,000，售後退回及重換零件 $9,000，產品保固成本 $15,000，請問乙公司之評鑑成本與內部失敗成本合計為何？

CHAPTER

15 決策制定與
攸關資訊

學習目標　讀完這一章，你應該能瞭解

1. 確認攸關資訊。
2. 辨識攸關成本與效益。
3. 特殊訂單的決策分析。
4. 自製或委外的決策分析。
5. 部門裁撤與否的決策分析。
6. 資源或產能受限的決策分析。
7. 產品的直接銷售或繼續加工的決策分析。
8. 運用 CVP 分析的決策制定。
9. 決策制定的其他問題。

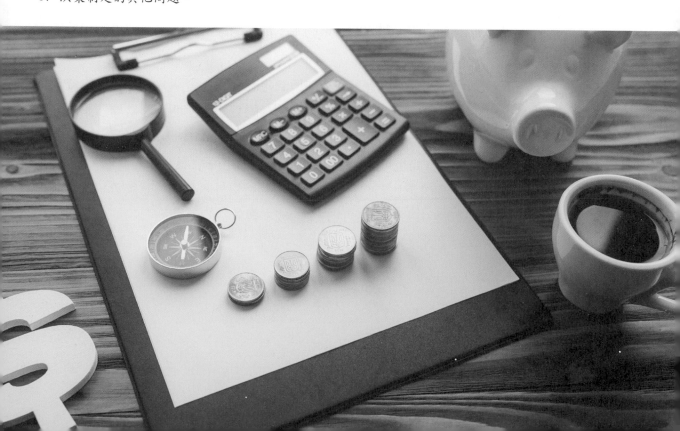

引言

　　佳年自從繼承家業，面對日益競爭的市場環境仍戰兢地經營瑞展公司。佳年及各部門的經理們無時無刻不在制定各項決策以因應市場環境的迅速變化。這些決策包括了客製化訂單的接受與否、零件的自製或委外、虧損部門的是否裁撤以及機器產能的有效利用等。該公司的管理階層須有效掌握攸關資訊，才能在多個選項中選擇最佳方案。

　　決策制定本身即是一項艱難的任務，而決策制定的關鍵在於成本與效益的比較分析與取捨。通常，不同的決策或方案導致不同的成本發生，其最後的效益也因而有所不同。為了制定最佳決策，經理人員經常需要辨識與決策攸關的成本與收益，並正確使用這些攸關資訊以制定決策。

15-1 攸關資訊與決策過程

　　公司的經營決策制定本是艱難的任務，因為決策制定存在許多不確定因素（參見圖 15-1）。為了減少不確定因素的干擾，就必須仰賴管理會計人員提供具攸關的、可靠的並具時效性的資訊，提供管理當局作為多項決策中的選擇依據。錯誤的決策制定，常導致經營的失敗與利益的損失，不可不慎重。

　　何謂攸關資訊？意即「與決策制定有關」的資訊。指所獲得的資訊將對未來的決策制定有所影響。具攸關性的資訊可幫助管理當局預測未來可能發生的事件，具預測的價值（predictive value）。另一方面，於決策執行後，管理當局也可驗証或更正先前所作的預測，具有回饋價值（feedback value）。與決策攸關的資訊須符合攸關特質外，還須注意該資訊是否與未來事件有關，以及各種替代方案的成本與效益的差異。

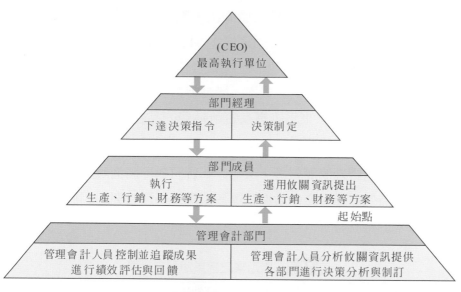

圖 15-1 決策過程

15-2 辨識攸關成本與效益

辨識攸關成本與效益將有助於管理當局對於選擇方案進行決策制定。辨識攸關成本之前，首先須確認六個成本名詞的意義：差異成本（differential cost）、增額成本（incremental cost）、機會成本（opportunity cost）、沉沒成本（sunk cost）、可避免成本（avoidable cost）與不可避免成本（unavoidable cost）。在本章中將有詳細說明。

瑞展公司佳年面臨市場價格競爭、臺灣人力成本的增加，考慮要將齒輪的製造工廠移至越南。他向財務部門的范經理與生產部門的吳經理詢問有關在台原地生產（A 方案）或者移地生產（B 方案）的利弊得失。由生產部門吳經理提供生產相關的成本資訊後，經由財務部范經理編製了兩方案的收益與成本的差異分析（表 15-1）。根據市場的需求預測與工廠的產能預測，范經理認為越南的人工成本低廉，但必須投入新機器設備投入生產，所以若移地生產（選擇 B 方案）的話，則可能會增加 $220,000（＝－$30,000 ＋ $250,000）的增額成本（incremental cost），亦即在臺生產與移地生產之間所產生的差異成本有 $220,000。另一方面，無論選擇在臺生產或移地生產，當初在臺生產所投入的機器設備及企業營運所需的固

定成本 $450,000 將不影響移地生產的決策制定。原因是在臺生產所投入的機器設備及企業營運所需的固定成本 $450,000 屬沉沒成本,為已投入之成本,並不能對未來的移地生產決策有任何助益。這兩方案中,銷售量、生產量、原料成本、人工成本、變動製造費用、未來的設備及企業營運的投資成本、甚至未來為維護品質所耗費的品質維護成本(參見第 14 章)才是決策制定的攸關資訊。

佳年聽完范經理的簡報後,深知攸關資訊對即將面臨的自製或委外、部門裁撤、特殊訂單、產能效率化等多項決策甚為重要,因此責成范經理進行更細部的財務分析報告。

表 15-1 兩方案之營業淨利之計算

	在台生產(A 方案)	移地生產(B 方案)	增額成本及效益
預計月銷售量	5,000	6,000	1,000
預計銷貨收入	$1,500,000	$1,800,000	$300,000
預計變動成本:			
原料	300,000	360,000	60,000
人工	200,000	60,000	(140,000)
變動製造費用	150,000	180,000	30,000
變動銷管費用	100,000	120,000	20,000
總變動成本	750,000	720,000	(30,000)
邊際貢獻	750,000	1,080,000	330,000
預計固定成本:			
固定製造費用	250,000	500,000	250,000
固定銷管費用	200,000	200,000	0
總固定成本	450,000	700,000	250,000
營業淨利	$300,000	$380,000	$80,000

15-3 自製或委外(outsourcing)的決策分析

佳年有移地生產的構想其實是面臨生產成本的節節高升。由於齒輪是傳動組件中是非常重要的配件,需求量極大。移地生產需要一年的準備時間才能正式上線生產,對於目前迫切的市場需求是緩不濟急的。目前生產齒輪的相關成本資訊如下:

4 月份產量	單位成本	5,000 單位
4 月份直接原料單位成本	$60	$300,000
4 月份直接人工單位成本	40	200,000
4 月份變動製造費用	30	150,000
4 月份固定製造費用	50	250,000
總成本	$180	$900,000

表 15-2　齒輪的生產成本資訊

　　然而祥和公司也生產齒輪且行之有年，目前該產品的市場報價為 160
元。此外，祥和公司也有能力月產 5,000 單位的齒輪以供瑞展公司進行其
他傳動組件的製造。瑞展公司正考慮是否委託祥和公司來製造齒輪，再將
委外製造的齒輪進行各項傳動系統的製造。瑞展公司委外決策是否適當？

　　首先必須瞭解製造齒輪的固定製造費用的內容為何？根據瑞展公司范
經理的說明，齒輪的固定製造費用中，有負責該工廠的廠長及領班薪資費
用 $50,000 及機器設備的折舊費用 $200,000。固定製造費用中的機器設備
的折舊費用是因為製造齒輪所產生的耗損，而這機器設備的購置原本就是
用來生產齒輪。無論瑞展公司自行製造或委外製造齒輪，這項機器設備的
折舊費用屬沉沒成本，與自製或委外的決策制定不具攸關。哪些成本資
訊才屬攸關？若瑞展公司選擇委外製造的話，那麼原料成本、人工成本及
變動製造費用皆不須投入，甚至也可將負責該工廠的廠長及領班資遣而
不必再支付薪資費用。這些成本即是因選擇委外製造而可以免除的成本
（avoidable cost）。因委外製造而可免除之成本總額為 $700,000，但委外
製造的成本 $800,000，產生差異成本 $100,000。這 $100,000 的差異成本
意味著，若瑞展公司選擇委外製造齒輪的話，將會因不自行製造而額外產
生 $100,000 的成本損失。如此，佳年應當選擇還是自行製造之決策制定
較為划算才是。

表 15-3　自製或委外之成本分析

生產量5,000單位	自製	委外	差異成本
直接原料（$60×5,000）	$300,000		
直接人工（$40×5,000）	200,000		
變動製造費用（$30×5,000）	150,000		
工廠的廠長及領班薪資費用	50,000		
外部購買價格（$160×5,000）		800,000	
總成本	$700,000	$800,000	$100,000

有時，自製或委外的決策制定可能須考量機會成本（opportunity cost）的因素。若瑞展公司因將 A 型齒輪委外生產後，空出了廠房而可製造附加價值更高的產品的話，那麼委外生產附加價值低的產品而自行生產附加價值高的產品即為重要的委外策略。假定瑞展公司因委外製造後將廠房空出，準備製造高單價的傳動組件，每月預計可為瑞展公司創造 $200,000 的部門邊際貢獻，則 $200,000 即是因自行製造齒輪而喪失了製造傳動組件的潛在利益。這潛在利益即是機會成本的概念。若瑞展公司可以精準估算因委外而放棄的機會成本，將有助於瑞展公司在自製或委外之決策制定更為周延。

15-4 部門繼續或部門裁撤的決策分析

瑞展公司目前有三大事業部：傳動事業部、機械事業部及醫材事業部。傳動事業部及機械事業部之營收還算穩定，唯獨醫材事業部面臨市場的削價競爭，營收狀況不甚理想，目前該事業部處於虧損狀態（參見表 15-4）。

表 15-4　部門別貢獻式損益表

事業部	傳動事業部	機械事業部	醫材事業部	合計
銷貨收入	$1,500,000	$1,000,000	$800,000	$3,300,000
減：變動費用	(750,000)	(600,000)	(500,000)	(1,850,000)
邊際貢獻	750,000	400,000	300,000	1,450,000
減：固定費用	(450,000)	(300,000)	(350,000)	(1,100,000)
營業淨利	$300,000	$100,000	$(50,000)	$350,000

佳年正苦惱於醫材事業部是否存續問題，他認為醫材事業部的虧損可能是暫時性的，另一方面，其他部門的利潤還夠支撐醫材事業部的虧損。醫材事業部變成是一種機會成本的考量。財務部門范經理的說明將會影響佳年對於醫材事業部存續的決策制定。

關於醫材事業部之存續，考量之處在於醫材事業部裁撤的話，屬於該部門之可避免成本是否超過該部門目前的虧損。因此，確認醫材事業部之成本中，哪些屬於部門裁撤而可避免的成本？哪些是屬於該部門裁撤後，仍須分攤至其他部門的不可避免成本？

　　醫材事業部的變動費用是該部門之製造費用。若裁撤該部門，則此變動費用將不致發生，此為醫材事業部裁撤後之可避免成本。那醫材事業部的固定費用是否屬可避免成本呢？醫材事業部的固定費用包含了員工薪資 $50,000、行銷廣告費 $80,000、水電費 $25,000、折舊費用 $100,000、廠房保險費 $40,000，及其他行政管理費 $55,000 等。范經理進行個別項目的成本分析：

1. 薪資支出是依各事業部的生產人員多寡分別計算。若裁撤醫材事業部，則該部門之員工將被資遣，而此員工薪資 $50,000 將不必支出，屬可避免成本。

2. 行銷廣告支出為瑞展公司的固定支出。每年瑞展公司編列行銷廣告預算，為旗下產品進行促銷與宣傳。依照各產品線之銷貨總額比例，將整年度的行銷廣告支出分攤到各部門。因此，即使裁撤醫材事業部，該公司之行銷廣告支出不因此減少，將由其他部門分攤之。此行銷廣告費用為不可避免的成本。

3. 水電支出為各事業部之獨立支出項目。瑞展公司三個事業部各自管理自己部門的用電與用水。若裁撤醫材事業部，將不會發生部門用電。因此，水電費用為可避免的成本。

4. 折舊費用的支出為各事業部管理的機器設備耗損。若裁撤醫材事業部，則該部門的機器設備將予以處分，折舊費用將不再發生。折舊費用的支出也屬可避免的成本。

5. 廠房保險費為各事業部獨立支出的項目。根據各事業部管理之廠房面積，估算各事業部之廠房保險費。若裁撤醫材事業部，則該部門之廠房將予以處分，將不再支出保險費。因此，廠房保險費用屬可避免成本。

6. 其他行政管理費用為行政部門服務各事業部所發生的費用。瑞展公司是按各事業部之員工人數比例，來分攤行政管理費用。即使裁撤醫材事業部，原分攤至醫材事業部的行政管理費用將由其他事業部分攤之。因此，此行政管理費用屬於不可避免的成本。

表 15-5 工業級系列產品線之固定成本分析

固定費用：	分攤至醫材事業部之成本	可避免成本	不可避免成本
員工薪資費用	$50,000	$50,000	
行銷廣告費用	80,000		$80,000
水電費用	25,000	25,000	
折舊費用	100,000	100,000	
廠房保險費用	40,000	40,000	
行政管理費用			55,000
合計	$350,000	$215,000	$135,000

表 15-6 裁撤醫材事業部的公司整體營業淨利分析

裁撤醫材事業部而損失的產品線邊際貢獻	$300,000
減：醫材事業部停業而可避免的固定成本	(215,000)
公司整體營業淨利損失合計	$85,000

進行詳細的成本分析後，范經理指出：若裁撤醫材事業部，公司僅能節省 $215,000 的固定成本。若該事業部不裁撤，尚可創造的產品線邊際貢獻 $300,000。兩相比較下，若裁撤醫材事業部，則公司整體營業淨利可能損失 $85,000（參見表 15-6）。

現階段裁撤醫材事業部可能是不明智的決策行為。因此，佳年暫不考慮醫材事業部的裁撤，但責成鄭麗卿副總研擬醫材事業部相關產品的行銷，也敦促該事業部嚴格把關旗下產品的品質與成本，期望能轉虧為盈。

成會焦點

不打價格戰，找新利基求勝，宏佳騰勇於創價走自己的路

圖片來源：AEON 宏佳騰機車官網

面對競爭對手拚低價搶客，宏佳騰動力科技董事長鍾杰霖毅然跳出廝殺慘烈的價格戰，重新盤點自己的能力與優勢，提出為顧客創新價值的產品與服務，取得市場地位，

走自己的路。市場環境在變，每家企業會有自己累積競爭力的途徑。成功開發三輪及四輪安全機車的宏佳騰動力科技，之前歷經市場價格戰的風暴後，用多年累積人才、技術、設備俱足的真本事，站穩國內外市場。

因為懂得提供全方位解決方案，鍾杰霖在商場上扳回一城。承擔家族企業營運壓力的他，也針對市場熱門車款種類，主導開發新車殼的決策，到處拜訪供應鏈的廠商，展現誠意搏感情、結識人脈，從中學習開模、議價、算成本的知識與技巧，以及了解引擎、車架的開發技術，摸熟機車整套產銷模式。

轉進整車領域，意味著必須與整車外銷客戶為敵，所幸父親強力支持他創立宏佳騰、推出「AEON」自有品牌，生產外觀造型優於同業車款的速克達，攻入歐美市場。宏佳騰做自有品牌，得到外銷市場的好評，但好景不常，面對中國崛起，祭出低價的紅海戰略，讓歐美客戶轉向中國開發供貨來源。這時，鍾杰霖看到美國 ATV（全地形車輛或沙灘車）市場持續成長，特地跑去美國訪查市場，發現青少年 ATV（Youth ATV）車種僅有 Honda 的單一車款流通而已，於是決定研發生產青少年 ATV。

由於宏佳騰擁有模具開發射出設備、技術人員，可以為客戶在三個月內快速設計、量產 ATV 新車款，因而成為 Polaris 唯一委外生產的廠商，在北美青少年 ATV 車種市場拿下 60% 以上的市占率。近年來，宏佳騰將在外銷市場磨練多年的技術，以及發展專業品牌的能量，回到國內市場投資發展「AEON」自有品牌，推出時尚設計感的二輪速克達、高安全性的三輪重型機車，提供國內消費者多一個購車選擇，並在國內市場打下一片天。

另外在 2011 年宏佳騰推出與橙果設計合作的 COIN125、輕型打檔車 MY125 及 Elite250，以過去耕耘機車製造的技術，取信消費者，也讓品牌機種在臺灣三年內的銷售輛達到一萬台，是至今所有機車品牌無法突破的佳績。

資料來源：《商業周刊》

15-5 特殊訂單的決策分析

佳年好友－佑安公司的許董事長突然的來電，讓佳年甚為困擾。原因是許董急需一批數量 1,000 單位的斜齒輪，採購單價為 $150。基於好友關係，佳年不好意思拒絕，但是總不能虧本做生意。因此，責成財務部范經理說明報價的底線以提供佳年向許董交涉的籌碼。

一般而言，臨時性的訂單、一次訂單（one-time order），或客製化程度極高的特殊訂單（special order）均不被視為公司正常產能的一部分。一次訂單或特殊訂單的交期較為急迫且為臨時性訂購，這種訂單常常會排擠到其他的正常訂單生產。因此，是否接受特殊訂單可從公司的目前的產能水準與買方的採購價加以決定。根據機器經銷商所言，生產斜齒輪的機器設備最高可達月產 8,000 單位，正常情況下也可達月產 5,000 單位的水準。目前的斜齒輪的月產量為 4,000 單位。表 15-7 中，以 5,000 單位的產能水準所估算出的單位成本為 $180，目前在市場上的單位售價為 $300。

表 15-7 斜齒輪的單位成本

項目	成本
直接原料	$60
直接人工	40
變動製造費用	30
固定製造費用	50
單位成本	$180

由於瑞展公司目前月產 4,000 單位的齒輪，尚有閒置產能。若接受佑安公司的齒輪訂單剛好可以解決瑞展公司的產能閒置問題，以達到效率產能的目的。另一方面，佑安公司對於齒輪的生產有特殊要求，使得瑞展公司在製作過程中，須小幅修改，這也需耗費些許成本。

瑞展公司尚有閒置產能時，佑安公司的 1,000 單位、採購價 $170 的齒輪訂單是可以接受的。在不影響正常的訂單生產的話，這特殊訂單可增加 $30,000 的增額利潤，是有利可圖的（參見表 15-8）。

表 15-8 有閒置產能情況的一次訂單增額收益分析

項目	增額成本	增額收益
銷貨收入（$170×1,000）		$170,000
增額成本：		
直接原料（$60×1,000）	60,000	
直接人工（$40×1,000）	40,000	
變動製造費用（$30×1,000）	30,000	
特殊修改費用（$10×1,000）	10,000	
增額成本總額		140,000
增額營業淨利		$30,000

相反地，若瑞展公司的月產能已達 8,000 時，則顯示瑞展公司以全部產能進行營運。那麼以採購價 $170 接受佑安公司 1,000 單位的訂單採購就值得商榷了。產能滿載時，並無額外產能可供生產佑安公司 1,000 單位的訂單。若執意要生產，就必須犧牲部份的市場供貨，來生產這特殊訂單。此時，除表 15-8 所述之增額成本外，瑞展公司還須考量因犧牲市場供貨所造成的機會成本。採購單價 $170 的特殊訂單所產生的增額收益仍無法超過增額成本加上機會成本的話，那麼瑞展公司就應該拒絕接受此訂單才對。當然，基於好友關係，是否能輕易地拒絕此項交易並非容易之事，這也考驗了佳年的人際關係處理態度。或許佳年認為維繫良好人際關係所獲得的無形利益可能遠大於瑞展公司因犧牲市場供貨所造成的機會成本。若是如此，佳年可能還是會接受佑安公司的訂單，並責成生產部門進行製造以滿足佑安公司的需求。

15-6 資源或產能受限的決策分析

受限的資源或產能水準將影響企業是否接受特殊訂單。產能與資源的限制下，如何有效運用受限的產能與資源使企業的利潤最大化是極重要的課題。生產量通常受制於機器的產能水準、原料與人工的充足性。若企業的機器或製程的產能已達 100%，顯示企業以完全產能的情況下製造產品。在完全產能水準下，仍無法滿足生產的需求，那就表示機器的效率已達瓶頸（bottleneck）。已達瓶頸的生產機制下，投入再多的原料與人工均無法製造超過產能的產量。因此，在受限的產能水準下，如何決定各項產品之生產的優先順位是很重要的。產品生產的優先順位之決定可使受限資源或產能得到最佳的運用。優先順位之決定關鍵不在於固定成本的高低，而在各產品所創造的邊際貢獻的大小。

在市場上，瑞展公司的傳動事業部生產的產品頗受市場好評。目前，有兩類主力產品（平齒輪及錐齒輪）均由同一組機器所製造出來。此機器運轉時數最高可達 5,000 小時。受限資源下，瑞展公司應該優先生產何種產品才能使公司的整體利益最大？

表 15-9　受限資源之產品邊際貢獻的計算

項目	平齒輪系列產品	錐齒輪食品級系列產品
單位售價	$500	$20
單位變動成本	180	8
單位邊際貢獻	$320	$12
邊際貢獻率	64%	60%
每單位所用之機器時數	5 小時	0.5 小時
每機器時數之單位邊際貢獻	$64	$24

　　表 15-9 顯示平齒輪的單位邊際貢獻為 $320、錐齒輪的單位邊際貢獻為 $12。製造一單位平齒輪須耗費 5 小時機器時數,而製造一單位錐齒輪僅須 0.5 小時的機器時數。因此,生產平齒輪之每小時單位邊際貢獻為 $64,而生產錐齒輪的每小時單位邊際貢獻為 $24。換言之,為了製造平齒輪,機器每運轉一小時就為公司創造 $64;同樣地,每小時花在製造錐齒輪的價值僅有 $24。顯然,若有效運用機器產能以提供平齒輪的生產的話,可為瑞展公司創造更多的利潤。

　　由此,在營運策略上,瑞展公司應利用受限資源生產每機器小時邊際貢獻最大的產品,先行滿足市場的需求。若有剩餘產能,再行生產每機器小時邊際貢獻次佳的產品。

　　儘管如此,瑞展公司仍然須注意機器產能的狀況。通常,若產能受限,表示產能已面臨瓶頸,無法再提高產能。此時,公司要特別注意因機器的故障或無效率的使用所產生的產能降低的問題。一旦出現此現象,公司將蒙受損失,而每小時的損失介於 $64 到 $24 之間。

　　因此,瓶頸的管理是重要的。管理當局除了重視能將受限資源發揮最大效益外,還須注意整個生產流程的順暢程度,以期機器故障及無效率情形降至最低。實務上,可以透過下列方式來改善瓶頸的發生:

1.　發生瓶頸的生產線部分委外。
2.　瓶頸的生產線投入臨時人工或加班。
3.　進行資本預算—擴廠。
4.　透過流程再造(business process reengineering;BPR)改善瓶頸。
5.　實施全面品質管理(total quality management;TQM)以提高產能。

　　瓶頸管理實為限制理論(theory of constraint;TOC)的一部分。許多企業應用了限制理論,不僅提升產能也改善了績效。瑞展公司應值得一試。

15-7 銷售或繼續加工決策

第 8 章說明了聯合生產過程中，聯合成本分攤的過程。於該章的最後提及了聯合產品是否直接銷售或繼續加工的決策過程。聯合生產過程中所耗費的聯合成本為沉沒成本（sunk cost），與聯合產品是否繼續加工之決策無關。聯合產品的繼續加工與否，需視該產品繼續加工後是否創造增額收益（incremental revenue）及繼續加工後產生的增額成本（incremental cost）而定。

表 15-10 中，顯示了聯合生產中的齒輪產品之個別售價及聯合成本分攤。表 15-11 中，顯示了個別產品經繼續加工後所產生的增額收益、增額成本與增額利益（或損失）。因此，瑞展公司可以明確判斷除 A 型齒輪外，其餘產品皆可繼續加工以便獲得更高的收益。

表 15-10 齒輪產品之售價與成本相關資訊

	齒輪產品		
	A 型	B 型	C 型
分離點售價	$120,000	$150,000	$60,000
再加工售價	160,000	240,000	90,000
聯合成本分攤	80,000	100,000	40,000
再加工成本	50,000	60,000	10,000

表 15-11 齒輪產品之直接銷售或繼續加工之分析

	齒輪產品		
	A 型	B 型	C 型
加工後預估售價	$160,000	$240,000	$90,000
分離點售價	(120,000)	(150,000)	(60,000)
增額收入	40,000	90,000	30,000
預估增額成本（可分離成本）	(50,000)	(60,000)	(10,000)
增額利潤（或損失）	($10,000)	$30,000	$20,000

15-8 運用 CVP 分析的決策制定

透過「成本－數量－利潤」之間的關係，瑞展公司清楚瞭解公司產品的損益兩平銷售狀況（第 3 章）。然而，董事長張佳年更希望透過廣告預算的多寡、是否有降價空間等議題，明確預知利潤的消長變化，而 CVP 分析是可以提升決策制定的有效性。

瑞展公司首先面臨到的問題即是廠房租金年年上漲的問題。佳年責成財務部門范經理對廠房租金（固定成本）及工資（變動成本）的變動對銷售數量及營業淨利的衝擊提出說明。

表 15-12　成本的變動與損益兩平銷售數量的變化

	原條件	條件 1	條件 2
損益兩平銷售數量	2,500	2,750	4,400
單位售價	$400	$400	$400
單位變動成本	(240)	(240)	(300)
邊際貢獻	$160	$160	$100
銷貨收入	$1,000,000	$1,100,000	$1,760,000
總變動成本	(600,000)	(660,000)	(1,320,000)
總邊際貢獻	$400,000	$440,000	$440,000
固定成本	(400,000)	(440,000)	(440,000)
營業利益	$0	$0	$0

如表 15-12 所示：CVP 分析結果顯示，原先瑞展公司銷售 2,500 單位以上，即有獲利（原條件）。若廠房租金上漲至 $440,000（條件 1）時，因為固定成本上升至 $440,000，則齒輪銷售 2,750 單位以上才有獲利。若廠房租金漲至 $440,000 且工資上漲而導致變動成本提高至每單位 $300（條件 2）時，則公司齒輪銷售須超過 4,400 單位以上才有獲利。范經理依目前的齒輪銷售量 3,000 單位、單位售價 $400、單位變動成本 $240 及固定成本 $400,000 等資訊為基礎，進一步分析下列情況：

情況1：若公司為增加銷售量至 3,900 單位而打算增加廣告預算 $150,000，則此廣告預算的支出決策是否正確呢？

表 **15-13** 固定成本及銷售量的改變對營業淨利的影響

	總額比較法		淨額比較法	
	原條件	修改條件後	銷售量及固定成本改變後之增額營業利益	
銷售數量	3,000	3,900	修改條件後邊際貢獻	$624,000
			減：原條件下之邊際貢獻	(480,000)
單位售價	$400	$400	增額邊際貢獻	$144,000
單位變動成本	(240)	(240)	減：增額固定成本（廣告費用）	(150,000)
邊際貢獻	$160	$160	營業利益減少數	($6,000)
銷貨收入	$1,200,000	$1,560,000		
總變動成本	(720,000)	(936,000)		
總邊際貢獻	$480,000	$624,000		
固定成本	(400,000)	(550,000)		
營業利益	$80,000	$74,000		

由於多花費 $150,000 的廣告支出雖提升了 900 單位的銷售量，但固定成本因廣告費增加 $150,000 而使得最後的營業利益反而重原來的 $80,000 降為 $74,000；本方案使營業利益下降了 $6,000。以廣告來提升銷售量的效果不大，因此瑞展公司可能須再評估增加銷售量的方法而非增加廣告預算來提升銷售量。

情況2： 若公司考慮改用高品質零件進行生產，將使齒輪的單位變動成本增加 $8。在售價不變的情況下，品質提升後，預期年銷售量將增加至 3,600 單位。此改用高品質零件之決策允當嗎？

表 **15-14** 變動成本的改變對營業淨利的影響

	總額比較法		淨額比較法	
	原條件	修改條件後	銷售量及固定成本改變後之增額營業利益	
銷售數量	3,000	3,600	修改條件後邊際貢獻	$547,200
			減：原條件下之邊際貢獻	(480,000)
單位售價	$400	$400	增額邊際貢獻	$67,200
單位變動成本	(240)	(248)	減：增額固定成本	-
邊際貢獻	$160	$152	營業利益增加數	$67,200
銷貨收入	$1,200,000	$1,440,000		
總變動成本	(720,000)	(892,800)		
總邊際貢獻	$480,000	$547,200		
固定成本	(400,000)	(400,000)		
營業利益	$80,000	$147,200		

由於改用高品質零件，預期將使齒輪銷售量提升至3,600單位，進而提升營業利益至$147,200，營業淨利增長了$67,200，此決策應屬允當。

情況3： 若公司將售價調降至$368，並調高廣告預算$120,000，預期可提高銷售量50%。此降價策略可行嗎？

表 **15-15** 售價的改變對營業淨利的影響

	總額比較法			淨額比較法	
	原條件	修改條件後		銷售量及固定成本改變後之增額營業利益	
銷售數量	3,000	4,500		修改條件後邊際貢獻	$576,000
				減：原條件下之邊際貢獻	(480,000)
單位售價	$400	$368		增額邊際貢獻	$96,000
單位變動成本	(240)	(240)		減：增額固定成本	(120,000)
邊際貢獻	$160	$128		營業利益減少數	($24,000)
銷貨收入	$1,200,000	$1,656,000			
總變動成本	(720,000)	(1,080,000)			
總邊際貢獻	$480,000	$576,000			
固定成本	(400,000)	(520,000)			
營業利益	$80,000	$56,000			

調降售價及提高廣告支出等策略僅提升銷售量50%，雖然不至於虧損（營業利益$56,000），但這策略不足以衝高銷售量，以致於營業利益不如往常，甚至還降低了$24,000。因此，此策略有待商榷。

情況4： 公司若將銷售人員的佣金由固定制（固定薪資$150,000）變更為變動制（銷售人員每銷售一單位給予佣金$60），此項措施預期可增加銷售量15%。此佣金策略可行否？

表 15-16   變動成本與固定成本的改變對營業淨利的影響

	總額比較法		淨額比較法	
	原條件	修改條件後	銷售量及固定成本改變後之增額營業利益	
銷售數量	3,000	3,450	修改條件後邊際貢獻	$345,000
			減：原條件下之邊際貢獻	(480,000)
單位售價	$400	$400	增額邊際貢獻	($135,000)
單位變動成本	(240)	(300)	加：減少之固定成本	150,000
邊際貢獻	$160	$100	營業利益增加數	$15,000
銷貨收入	$1,200,000	$1,380,000		
總變動成本	(720,000)	(1,035,000)		
總邊際貢獻	$480,000	$345,000		
固定成本	(400,000)	(250,000)		
營業利益	$80,000	$95,000		

　　由於公司將行銷人員的薪資結構改變，導致單位變動成本由 $240 修正為 $300、固定成本由 $400,000 修正為 $250,000。此策略的執行，促使齒輪銷量由 3,000 單位提升至 3,450 單位，營業淨利增加了 $15,000。若以提升銷售量的話，此策略似乎是可行的。然而，財務部門范經理提醒，由於薪資結構改變導致齒輪產品的單位邊際貢獻由 $160 降為 $100，若為了達成原營業利益 $80,000 的情況下，必須設法增加銷量至 3,300 單位（表 15-16）。因此，此薪資結構的改變是暫時性（短期內激勵行銷人員促進銷售），還是永久性（行銷人員佣金制正式導入）呢？值得董事長張佳年先生及管理階層的深思。

表 15-17   變動成本與固定成本的改變對營業淨利的影響

	損益兩平銷售量		維持營業利益 $80,000 下之銷售量	
	原條件	修改後	原條件	修改後
銷售數量	2,500	2,500	3,000	3,300
單位售價	$400	$400	$400	$400
單位變動成本	(240)	(300)	(240)	(300)
邊際貢獻	$160	$100	$160	$100
銷貨收入	$1,000,000	$1,000,000	$1,200,000	$1,320,000
總變動成本	(600,000)	(750,000)	(720,000)	(990,000)
總邊際貢獻	$400,000	$250,000	$480,000	$330,000
固定成本	(400,000)	(250,000)	(400,000)	(250,000)
營業利益	0	0	80,000	80,000

情況5： 新展公司向瑞展公司訂購齒輪產品1,000單位，若瑞展公司由此訂單至少獲利$120,000的話，在不影響正常訂單的情況下，瑞展公司應如何報價？

不影響正常訂單的情況下，即顯示瑞展公司尚有閒置產能，足以應付臨時性訂單的生產。如此，在閒置產能容許範圍內，所有臨時性的接單皆能貢獻公司的獲利。因此，公司考量的重點置於僅回收變動成本為第一要務，固定成本的回收可暫時不考慮。此臨時性訂單所能容忍的最低報價為每單位 $240，但瑞展公司要求至少有 $120,000 的獲利的情況下，此訂單的報價應為每單位 $360（表 15-18）。

表 15-18 臨時性訂單的報價

每單位變動成本	$240
每單位要求利潤：$120,000 ÷ 1,000	$120
每單位報價	$360

若此臨時性訂單的報價需考慮固定成本的分攤，則可採預計產能分攤率來分攤固定成本。假定固定製費（固定成本）分攤率為每單位 $20，再考量應有獲利 $120,000，則對新展公司的報價應為 $380（表 15-19）。

表 15-19 臨時性訂單的報價

每單位變動成本	$240
每單位要求利潤：$120,000 ÷ 1,000	$120
每單位固定成本分攤	20
每單位報價	$380

15-9 決策制定的其他問題

前幾節中，說明了企業進行決策制定時，應考量的是攸關收益與攸關成本。然而，對決策制定者的績效評估、決策制定的期間長短以及攸關成本的認識不清等，都有可能造成決策制定偏誤的情形。

一般而言，管理當局總是希望在正確評估攸關成本與效益後，做出最佳的決策。但是決策者可能擔心事後的結果可能與事前的預期有所出入時，決策者可能會採取比較保守的行為。猶如第二節中，佳年對於原地生

產與移地生產一直拿不定主意。即使財務部門與生產部門經理分析後的結果均傾向「移地生產」的決策制定，但是佳年考量不只是部門經理提出的各項可估計的成本，還有移地生產後可能發生數不清的不可估計成本。大到海外投資設廠，小到部門的行銷、生產、研發等策略的擬定，在在考驗了管理當局及部門經理的智慧。因此，給予管理當局及部門經理「決策制定」如此重大職責的同時，適時地給予等同的績效獎酬也是理所當然。如此，管理當局及部門經理才有誘因制定對公司整體有利且最佳的決策。

此外，決策的期間長短可能也會對公司整體利益產生影響。一般而言，決策執行期間一年或一年不到者，為短期性決策；決策執行期間長達一年以上或數年者，則為長期決策。本節中的決策制定皆屬短期性的，而長期決策將於第 16 章進一步說明。通常，決策者常會重視短期決策而輕忽長期決策，因為短期決策可帶來立即的效果。儘管如此，許多的決策制定對長期而言皆有一定程度的影響力。例如部門的裁撤決策，是立即的、一年內完成的決策制定。然而，無論部門繼續或裁撤，均對未來的收益產生重大的影響。

最後，在制定決策時，辨識攸關成本與效益非常重要。有時，決策者對沉沒成本（sunk cost）、單位固定成本（unit fixed cost）、分攤至部門的固定成本（allocated fixed cost）以及機會成本（opportunity cost）有所迷思或混淆，例如：

1. 沉沒成本：過去購買的資產帳面價值為沉沒成本。決策者為了避免承認過去採購錯誤資產的決策而將這些沉沒成本視為攸關成本，以致於還是支持舊方案而捨棄新方案的錯誤決策制定。

2. 單位固定成本：為了方便計算產品的單位成本，決策者可能會將固定成本單位化。致使固定成本看似於變動成本的習性一般，而忽略了單位固定成本會隨產量的改變而遞減的成本習性。因此，謹慎起見，固定成本應以總額看待而非單位化。

3. 分攤至各部門的固定成本：各部門分享共通資源，理當將共通資源所耗費的固定成本分攤於各部門中。分攤的比例或分攤方法的不同，可能造成某部門的利得或損失。因此，各部門對於分攤的固定成本的內容須詳加檢視，逐一檢查是否為部門內部的成本（為可避免成本）或企業共通的成本（不可避免成本）。成本的可避免或不可避免攸關部門的繼續或裁撤。

投資研發不手軟，佈局全球搶市場

固緯征戰海外市場的啟動力，如同機關砲一般地強勁擊發。目前固緯在全球設立六間子公司，由全球超過四百家經銷商提供逾八十國的產品行銷服務，取得臺灣第一大、亞洲第三大通用電子儀器製造廠的市場地位。電子產品從研發到生產、品管、售後維修，都需要使用電子測試儀器，檢驗迴路的品質、校正誤差。

固緯電子董事長林錦章談及自己創業緣起時指出，當時外資電子業進駐臺灣設廠後，開始本土化，使用臺灣本地供應的材料，而政府也實施進口替代手段，創造國內電子測試儀器的市場需求。

隨著中國改革開放，中國電子業也開始崛起。「我們的產品在中國賣得很好，被當地電子業者當成「國標」（國家標準），被拷貝得很厲害！」林錦章看到固緯自有品牌「GW Instek」的電子示波器，被中國同業仿冒、山寨版橫行，思索因應對策，後來決定進駐中國蘇州設廠，向中國代理商拿回市場代理權，由自家企業做起中國市場的全國行銷、建構通路。市場變化快，一有風吹草動，必須馬上挺而應戰。當電子產品走向數位化發展後，固緯也嗅到電子供應鏈往數位化靠攏的變革趨勢，迅速決定投入數位示波器的研發。

在市場近 43 個年頭，林錦章分析固緯歷久彌新、繼續成長的原因，歸納出幾項關鍵因素。第一項關鍵：經營者即是企業擁有者（owner），以專業眼光嗅出產業化的趨勢與威脅，能立即做出因應決策。例如，當林錦章看到數位化的快速趨勢，馬上撥入大筆資金、全力發展研發，「做示波器的研發就花上五年，虧了兩、三億，我當時的想法是將所有資源用在提升市場競爭力及公司持續成長上、早在上市前我們就把盈餘所得主要投入研發及市場開拓。」

第二項關鍵：投資產品開發、市場開拓不手軟。電子量測儀器市場有一個特色，就是再購率很高。林錦章指出，電子量測儀器涉及客戶工廠的製程良率，因此只要固緯把產品做得好，回購率就很強，因此固緯重視產品開發、市場開拓，將營收的 10% 用於研發經費。

第三項關鍵：讓利給經銷商，提供售前訓練、售後服務、技術支援。固緯銷售產品採經銷商制度，倚靠 80 多國、400 多家經銷商將固緯產品打入客群，固緯很懂得讓利給經銷商，激勵他們提高銷售業績。

林錦章說，固緯必須要與經銷商搏感情，像他早期一定會參加經銷商大會，感謝他們的支持，用心經營與經銷商的合作關係。同時，固緯也提供完整的售前訓練、售後服務、技術支援，隨時馳援解決經銷商的銷售問題、維修客戶的儀器。

資圖來源：《商業周刊》

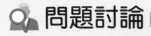 問題討論

特殊訂單的訂價策略

佑安公司急需一批數量 1,000 單位的斜齒輪，採購單價為 $170。瑞展公司每月的正常產能可達 8,000 單位，目前每月實際產能已達 8,000 單位。瑞展公司所生產的 8,000 單位的斜齒輪全部供給市場所需，目前市場的報價為 $200。基於好友關係，佳年不好意思拒絕，但是總不能虧本做生意。對於是否賣給佑安公司 1,000 單位的斜齒輪，佳年非常猶豫。因此責成范經理試算可能的損失。

表 15-20 齒輪的單位成本

項目	成本
直接原料	$60
直接人工	40
變動製造費用	30
固定製造費用	50
單位成本	$180

問題：

若賣給佑安公司 1,000 單位的斜齒輪的話，可能發生的損失為何？

討論：

除因無法販售目前的正常訂單而可能發生的機會成本為主要考量因素外，解除產能的瓶頸也是另一種方法。

　　本章探討多項攸關成本的決策制定。在制定決策前，首先須確認何者為攸關成本、何者為可避免成本、何者為沉沒成本？確認這些攸關成本的屬性將有助於精確的成本計算，以方便進行決策制定。

　　企業經常須面臨自製或委外、虧損部門裁撤、特殊訂單、產能效率化等決策制定。自製或委外決策考量的重點在於可避免成本與不可避免成本的認定。通常因委外而可免的成本大於外部價格，則可考慮委外加工，否則，都應該自製。其次，虧損部門的裁撤問題在於先需瞭解虧損發生的原因，然而，部門虧損多半的原因來自於固定成本的分攤，企業必須查明部門虧損是在各項固定成本分攤前即造成虧損？還是分攤後才造成的虧損？若為前者，當然應該虛裁撤該部門；若屬後者，則須查明固定成本分攤的公平性與該部門可容忍的程度，再進行部門裁撤的決策較為適當。因此，當某部門所創造的邊際貢獻為正時，一般認為還是對企業的利潤增進是有貢獻的，裁撤部門需作審慎評估。

　　有關特殊訂單議題，則須視企業的產能而定。若企業的產能有閒置時，只要該訂單的報價超過企業製造所需負擔的變動成本的話，就應該接受。相反地，若企業無閒置產能時，該訂單的報價必須接近市價，該訂單才有接受的可能。最後，產能效率化議題，則是企業面臨產能極限時，如何有效利用產能以使企業利潤可以最大。受限產能下，企業應先生產能創造單位邊際貢獻最高的產品以滿足市場需求。若產能還有閒置，才考慮生產單位邊際貢獻次高的產品。再者，透過 CVP 分析，配合決策制定中所需調整的固定成本及變動成本，適切抉擇以實現其經營之策略。

　　總之，在制定決策時，辨識攸關成本與效益是非常重要的。受到沉沒成本、單位固定成本（unit fixed cost）、分攤至部門的固定成本（allocated fixed cost）以及機會成本（opportunity cost）等成本的混淆，決策者可能會制定錯誤的決策。因此，此類成本的認定也須非常小心。

本章習題

一、選擇題

( ) 1. 乙公司生產一機器設備，該產品需要 15 單位零件，每單位 $300，直接人工 200 小時，製造費用包括：檢驗成本 $1,200（成本動因為零件數）、整備成本 $3,000（成本動因為整備次數，每次 $1,000）、採購成本 $600（成本動因為採購次數，每次採購 3 單位零件）。假設公司重新設計設備的製造模式，將可減少 6 單位零件及 1 次整備，試問進行重新設計可以為公司節省多少成本？

(A) $3,080　(B) $3,280　(C) $3,400　(D) $3,520。　　　　　（106 會計師）

( ) 2. 甲公司計畫將某一個部門結束營業，這個部門的邊際貢獻為 $28,000，其固定成本為 $55,000。而這些固定成本，其中有 $21,000 是屬於不可免除的。試問，此部門結束營業將使得甲公司的營業損益如何？

(A) 減少 $6,000　(B) 增加 $6,000　(C) 減少 $27,000　(D) 增加 $27,000。

（106 會計師）

( ) 3. 某公司的甲產品生產線經歷虧損後，該公司面臨是否裁撤甲產品生產線的決策。本季甲產品的相關財務資料如下所示：銷貨收入 $1,200,000、直接材料 $600,000、直接人工 $240,000、製造費用 $400,000。製造費用中 70% 為變動部分，30% 為製造甲產品之特殊設備的折舊，該設備無其他用途，亦無轉售價值。若本季裁撤甲產品的生產線，則該公司整體營業利潤將有何改變？

(A) 營業利潤增加 $40,000　(B) 營業利潤減少 $40,000　(C) 營業利潤減少 $80,000　(D) 營業利潤增加 $120,000。　　　　　（106 普考）

( ) 4. 假設甲產品每單位售價 $30、單位變動成本 $14、單位固定成本 $8。乙產品每單位售價 $25、單位變動成本 $5、單位固定成本 $8。甲產品每單位需耗用 2 機器小時，為乙產品耗用時數的一半。甲、乙兩種產品的最大市場需求量分別為 7,000 與 2,500 單位。若本期受限於機器生產時數 20,000 小時，在追求利潤極大化的原則下，本期應該生產甲、乙產品各多少單位？

(A) 甲產品 5,000 單位、乙產品 2,500 單位

(B) 甲產品 6,000 單位、乙產品 2,000 單位

(C) 甲產品 7,000 單位、乙產品 1,500 單位

(D) 甲產品 7,000 單位、乙產品 2,500 單位。　　　　　（106 高考會計）

( ) 5. 在接受特殊訂單之決策中，下列何者屬非攸關成本？

(A) 接受特殊訂單所需額外投入之固定成本

(B) 接受特殊訂單所需額外投入之變動成本

(C) 無論接受特殊訂單與否都無法免除之固定成本

(D) 接受特殊訂單可免除之固定成本。　　　　　　　　　（106 高考會計）

( ) 6. 乙公司產銷兩產品：A 及 B，由於產能有限，公司正在考慮如何生產才能利潤最大化。公司目前可用產能 為 30,000 小時，兩產品之相關資料為：為達極大化公司利潤之目的，乙公司應生產多少單位的 A 產品？

	A 產品	B 產品
每單位售價	$100	$50
每單位變動成本	$60	$25
生產時間	1/2 小時	1/4 單位
市場需求	40,000 單位	60,000 單位

(A) 25,000 單位　(B) 30,000 單位　(C) 35,000 單位　(D) 40,000 單位。

（106 高考會計）

( ) 7. 甲公司每月製造零件 3,680 個，每個變動製造成本 $6，總固定製造成本 $7,360，該零件也可外購，並有一公司提出願以每個 $9 售予甲公司使用。若甲公司打算零件外購，目前用來生產零件的機器設備可移作他 用，而使公司邊際貢獻增加 $11,776。在此一自製或外購之決策中，關於「因機器設備移作他用而增加之 邊際貢獻 $11,776」，下列敘述何者正確？

(A) 列為選擇自製方案之機會成本　(B) 列為選擇外購方案之機會成本

(C) 列為選擇自製方案之額外收入　(D) 不必考慮。　　　　　（105 地特四等）

( ) 8. 甲有一房屋出租予某公司作為辦公室，每月收到房租 $20,000。由於懷有創業夢，想將該房屋收回而開設 髮型屋。甲目前薪水每月 $42,000，惟若自行創業需離職。預計髮型屋平均每月可賺得 $60,000 之利潤。請問甲開設髮型屋的機會成本為何？

(A) $20,000　(B) $42,000　(C) $60,000　(D) $62,000。　　　　（105 地特四等）

( ) 9. 顧客的行為最不會影響下列那一項成本？

(A) 運送成本　　　　　(B) 訂單處理成本

(C) 顧客拜訪成本　　　(D) 配銷通路的主管薪資成本。　　　（105 地特三等）

( ) 10. 甲公司正計畫關閉彰化廠，該廠在未考量製造費用前對利潤的貢獻為 $40,000,
分配到該廠的製造費用 為 $80,000，其中的 $25,000 是不可避免的成本。若關
閉該廠，對甲公司所造成的稅前淨利影響為何？

(A) 增加 $5,000　 (B) 增加 $15,000　 (C) 增加 $20,000　 (D) 增加 $25,000。

（105 地特三等）

二、計算題

1. 欣欣公司每年製造 A 零件 60,000 單位，以供內部生產之用，其每單位的相關成本資
料如下：

直接原料	$30
直接人工	15
變動製造費用	20
固定製造費用	35

請回答下列問題：

今有向榮公司提議每年出售 60,000 單位之 A 零件給欣欣公司，每單位售價為 $90。如
果欣欣公司接受該項建議，則固定製造費用可減少 40%；而且目前用以生產 A 零件之
機器，可以年租金 $300,000 出租給其他公司，該機器目前的帳面價值為 $600,000，之
前每年提列折舊 $150,000，估計尚可使用 4 年。試透過具體數據分析欣欣公司是否應
接受向榮公司之提議。

2. 美麗公司每年製造 A 零件 60,000 單位，以供內部生產之用，其每單位的相關成本資
料如下：

直接原料	$40
直接人工	25
變動製造費用	30
固定製造費用	35

請回答下列問題：

美麗公司擬利用閒置產能製造 3,000 單位的 A 零件外銷，此舉並不會影響欣欣公司的固定製造費用，但估計外銷所需之變動銷管費用為每單位 $12（不需其他的變動銷管費用），而且為獲取外銷訂單每年尚需付出額外的固定銷管費用 $54,000。此外銷對於國內一般銷貨並無影響。若美麗公司希望每年能透過外銷而使公司利潤增加 $60,000，則外銷品每單位的售價應訂為多少？

3. 亮亮公司每年製造 A 零件 60,000 單位，以供內部生產之用，其每單位的相關成本資料如下：

直接原料	$40
直接人工	25
變動製造費用	30
固定製造費用	35

請回答下列問題：

亮亮公司擬藉由外銷 3,000 單位的 A 零件以開拓外銷市場，並將每單位售價訂為 $100，但是公司目前已無任何的閒置產能。估計外銷所需之變動銷管費用為每單位 $12（不需其他的變動銷管費用），而且為獲取外銷訂單每年尚需付出額外的固定銷管費用 $54,000。此外銷對於國內一般銷貨並無影響。今有向榮公司提議每年出售 3,000 單位之 A 零件給亮亮公司，若亮亮公司希望每年能透過外銷而使公司利潤增加 $60,000，則其每單位最多願意支付給向榮公司之金額為若干？

4. 設乙公司產銷 5,000 單位時，損益資料如下：

銷貨收入—5,000 單位 @$3		$15,000
減：變動成本 @$2	$10,000	
固定成本	8,000	18,000
淨損		$(3,000)

另悉，停工期間尚有固定成本 $5,500 必須支付。

試求：

(1)目前應否停工。

(2)歇業點銷貨額。

5. 丙公司每月可生產 20,000 單位之某一產品，其每單位售價 $180 及每單位之相關成本為：

直接材料	$15
直接人工	$40
變動製造費用	$25
固定製造費用	$23
變動銷管費用	$20
固定銷管費用	$40

由於目前產能使用率僅為 90%，丙公司考慮是否接受丁公司之訂單，該訂單以每單位 $160 購買 1,000 單位。若丙公司不接受丁公司訂單，將放棄的利潤為何？

6. 雲飛公司產銷甲、乙二種產品，各產品每單位售價及變動成本如下：

產品	甲	乙
售價	$12	$15
變動成本	6	7

雲飛公司之生產能量有限，每月僅有 2,000 機器小時可資利用，生產一單位甲需耗 3 機器小時，而生產一單位乙需耗 2 機器小時。又雲飛公司技術工人有限，每月僅有 1,500 人工小時可資利用，生產一單位甲需耗 2 人工小時，而生產一單位乙需耗 4 人工小時，則雲飛公司每月最大之邊際貢獻是多少？

7. 某餐廳為搭配套餐，過去都是以每份 $25 向外購買水果冰淇淋，每月購買 6,000 份，由於供應商打算在下個月漲價至每份 $40，餐廳考慮自行製造。若自行製造，每份水果冰淇淋需投入之變動成本為 $26，並增加固定成本每月 $24,000。若餐廳下個月自行製造水果冰淇淋，而非向外購買，則對該月成本的影響為何？

8. 甲公司擬投資設備，估計耐用年限為 5 年，無殘值，採直線法提列折舊。該設備每年年底可增加淨現金 流入 $80,000。若此投資的內部報酬率為 10%，資金成本率為 13%，則設備成本為何？複利現值相關資料如下：

	1 期	2 期	3 期	4 期	5 期
3%	0.9904	0.9426	0.9151	0.8885	0.8627
10%	0.9091	0.8264	0.7513	0.6831	0.6209
3%	0.8850	0.7831	0.6931	0.6133	0.5426

9. 甲公司打算結束虧損之幼兒服飾業務，其近期損益資料如下：其中銷貨成本之變動部分占 2/3，而營業費用之固定部分占 3/4，若結束幼兒服飾業務，無任何固定成本可節省。若甲公司結束幼兒服飾業務，不可免成本為何？

銷貨收入	$630,000
銷貨成本	4410,000
銷貨毛利	$189,000
營業費用	210,000
營業淨利（損）	($210,000)

10. 某公司生產 A 產品，某年度 6 月之預計資料如下：該公司目前有一閒置設備，月折舊費用為 $400,000，若利用此一閒置設備將 100,000 單位之 A 產品再加工為 B 產品，預計將使每單位變動成本增加 $7，並可以每單位價格 $40 出售。試問該公司是否應將 A 產品再加工後出售？原因為何？

產量	100,000 單位
固定成本	$1,000,000
單位變動成本	$15
單位售價	$20

CHAPTER

16 資本預算決策

學習目標　讀完這一章，你應該能瞭解

1. 資本預算決策基本概念。
2. 現金流量分析。
3. 貨幣的時間價值。
4. 資本預算的評估方法。
5. 所得稅因素對資本預算之影響。
6. 通貨膨脹因素對資本預算之影響。

引言

　　瑞展公司的總經理,正在檢閱財務經理所提出的預算方案,該公司目前在國內齒輪製造有不錯口碑,但處在這個劇烈變化的環境下,保持競爭力是十分重要的,故總經理正考慮是否應再投入無人式全自動製造工廠、與先進的生產機台。總經理和財務經理共同商討決策方案。以下是他們的對話。

　　總經理:范經理,如果我們要進行擴廠的相關投資,應如來評估相關的投資方案是否可行呢?

　　范經理:總經理,我們可以採行不同的資本預算評估方法來進行評估,例如:淨現值法、內部報酬率法或還本期間法等。

　　總經理:范經理,請問哪一種資本預算評估方法比較好?

　　范經理:各種方法皆有其主要的考量點,因此也不宜只參考一種評估方式就進行投資,必須考量其他情境因素,例如:我們公司的發展策略如果認為該項投資案有助於提升我們的生產自主性與技術,避免過渡依賴外部廠商,即便還本期間較久,該項投資方案仍是一項可行的投資方案。

　　總經理:好,我瞭解。我會再好好考慮的。

成會焦點

新廠擴建

　　隨著手機與消費性電子等周邊產品的不斷蓬勃發展,臺灣光學鏡頭製造龍頭－ 大立光透過高品質的鏡頭產品在業界打響名號,並在 2014 榮登台股股王的寶座持續至今,目前主要客戶有蘋果、HTC 等知名品牌大廠。

　　近年因為手機多鏡頭的趨勢興起,大立光為了應手機品牌商的要求,連續幾年持續擴充產能、建購新廠來因應,近日(2018 年 9 月初)再宣布斥資 8 億多餘元,購得台中市西屯區占地 3,002 坪土地,支應未來產能的需求。

　　大立光的鏡頭涵蓋了蘋果及其他品牌陣營，除了透過高良率及技術領先的優勢，產能也是維持競爭力的一大關鍵，故大立光持續擴產最主要的目的為提高效率，整合製程。此外，大立光也不間斷在其它光學鏡頭等相關產品上投注研發，包括醫療內視鏡、車載鏡頭、隱形眼鏡市場等。

資圖來源：經濟日報

16-1 資本預算決策基本概念

　　在正常營運下，企業的支出可分為資本支出（capital expenditure）和收益支出（revenue expenditure）這二類。資本支出通常為長期性質、非例行性且金額較大，例如：興建廠房、購買設備等；收益支出通常為短期性質、例行性且金額較小，例如：水電費、廣告費等。

在正常營運下，企業的支出可分為資本支出和收益支出這二類。

　　資本預算決策（Capital Budgeting Decision)，為企業長期性之投資及理財規劃決策，亦為整體預算之一部分。企業的資源是有限的，透過資本預算決策，可幫助企業在眾多投資方案中選擇出最佳投資標的物，創造企業投資報酬率以提升公司整體價值。

一、資本預算的步驟

1. 確認方案及預估結果

   辨別出組織內所提出的資本預算方案中，哪些和企業經營策略及目標是相同的，進而就確認方案計畫，預估其財務性及非財務性資訊。例如：瑞展公司策略目標為產品差異化，故管理人員須辨明出哪些方案為產品差異化，再針對這些方案，進行現金流入、成本節省及相關風險等資訊的蒐集。

2. 評估方案及選擇方案

   就其方案預估結果進行評估，排定選擇順序，財務資訊、非財務資訊皆為選擇方案的重要因素。企業須在有限的投資總額下，選擇最佳的投資方案。

16-3

3. 財務規劃

為選擇方案資金的籌措。資本籌措可發行股票、債券，向資本市場籌資，亦可直接由股東拿出資金投資等。

4. 執行方案並控制

方案執行時，企業應定期評估方案是否按進度執行情況。方案執行結束後，應比較其預測情況和實際結果的差異，以做為未來制定資本預算決策的參考資訊。

二、資本預算的特性

資本預算決策其經濟效益通常超過一年以上的非例行性支出，對企業的影響十分重大，通常具有下列的特性：

1. 投資金額龐大，對企業的資金調度、運用影響深遠。

2. 投資期間較長，資本預算決策從規劃至投資方案結束，短則三、五年，長則可能數十年，故須加入貨幣時間價值考慮。

3. 高度不確定及風險高，資本預算決策，通常都使固定成本增加，固定成本增加，損益兩平點使會增加，且投資期間又長，故面對高度不確定性而使風險較高。

16-2 現金流量分析

資本預算支出從投資計畫開始至結束，通常可區分為下列三個階段：(1) 原始投資額；(2) 營運現金流量；(3) 投資計畫結束。茲將上述各階段說明如下：

1. 原始投資額

(1) 廠房設備取得成本，包括必須支付的建造成本及使該廠房設備達可使用狀態前一切合理且必要的支出，例如：運費、安裝費、試車費、保險費等，為現金流出。

(2) 因新廠房設備之原始投資額所額外增加的營運資金（working capital）[1]，為現金流出。

專有名詞
營運資金
營運資金＝流動資產－流動負債。

(3) 設備重置決策下，舊資產依公平市價出售，為現金流入。當舊資產出售發生出售損失，則產生所得稅節省，為現金流入；反之，有出售利益則產生所得稅費用，為現金流出。

(4) 所建造廠房或購置設備符合政府所公佈的投資抵減，則有所得稅的減免，為現金流入。

2. 營運現金流量

(1) 因取得廠房設備而增加的銷貨收入或因提高生產效率而減少營運成本，為現金流入。

(2) 取得廠房設備所產生的現金費用，例如：製造成本、維修費、其他相關費用等，為現金流出。

(3) 廠房設備折舊費用之租稅節省。折舊費用是不產生現金流出的費用，但在稅法上是可以做為收益的抵減項，故可使課稅金額減少，為現金流入。

3. 投資計畫結束

(1) 處分廠房設備之殘值收入，為現金流入。（若有處分成本則應減除）

(2) 營運資金已不需再使用，即可還原，為現金流入。

(3) 出售資產損失所導致之所得稅節省，為現金流入；反之則導致所得稅費用，為現金流出。

若瑞展公司計畫興建一間無塵室製造工廠，成本 $1,400,000，以增加產能擴展市場佔有率，假設此工廠營運資料如右，預計四年後以 $160,000 出售，結束此資本預算計畫。表 16-1 辨識該興建案的現金流量分析表。

營運收入	$ 3,200,000
製造費用	100,000
薪資費用	1,200,000
修理費用	100,000
水電費	40,000
其他費用	40,000

1 營運資金 (working capital)，為企業短期償債能力的指標，代表流動資產與流動負債的差額。公式就是：營運資金＝流動資產－流動負債。營運資金可以用來衡量公司或企業的短期償債能力，其金額越大，代表該公司或企業對於支付義務的準備越充足，短期償債能力越好。當營運資金出現負數，也就是一家企業的流動資產小於流動負債時，這家企業的營運可能隨時因週轉不靈而中斷。

表 16-1　興建無塵室製造工廠預估現金流量

年度	0	1	2	3	4
原始投資額					
興建成本	($1,400,000)				
營運現金流量					
營運收入		$3,200,000	$3,200,000	$3,200,000	$ 3,200,000
製造費用		(100,000)	(100,000)	(100,000)	(100,000)
薪資費用		(1,200,000)	(1,200,000)	(1,200,000)	(1,200,000)
修理費用		(100,000)	(100,000)	(100,000)	(100,000)
水電費		(40,000)	(40,000)	(40,000)	(40,000)
其他費用		(40,000)	(40,000)	(40,000)	(40,000)
投資計畫結束					
處分資產					160,000
現金流量淨額	($1,400,000)	$1,720,000	$1,720,000	$1,720,000	$ 1,880,000

16-3 貨幣的時間價值

　　如前所述，資本預算決策至少都達三、五年以上，這段期間內也會發生與現金流量有關的商業行為，故當管理人員在評估決策方案時，貨幣的時間價值（time value of money）是一項重要的因素。假設有通貨膨脹（貨幣貶值）時，現在所擁有貨幣的價值，大於未來等額貨幣的價值，假設今天有 $100，銀行的一年期定存利率為 5%，現在將這 $100 存入銀行之一年期定存帳戶，在一年後可領回 $105，這 $5 是銀行這一年運用這筆資金所付出的代價，亦可稱貨幣的時間價值為利息。也就是說 $105 是 $100 一年期的終值（future value）；$105 一年期的現值（present value）為 $100。資本預算決策在原始投資時，需投入大筆的資金，預估在未來的期間內可逐漸回收，若欲評估資本預算決策是否可行，則應將未來繼續回收的金額換算成現值，在同一個基準點上，才可作出正確的投資方案決策。

計算利息通常分單利（simple interest）與複利（compound interest）。單利計算利息為每期利息相同，複利計算利息則加上前期利息合併計算。

> 單利計算利息為每期利息相同，複利計算利息則加上前期利息合併計算。

表 16-2　單利與複利計算利息方式

單利	本金	×	利率	=	利息
第一年	$1,000	×	5%	=	$50.00
第二年	$1,000	×	5%	=	$50.00
第三年	$1,000	×	5%	=	$50.00
複利	本金 + 前期利息	×	利率	=	利息
第一年	$1,000	×	5%	=	$50.00
第二年	$1,000+$50	×	5%	=	$52.50
第三年	$1,000+$102.5	×	5%	=	$55.13

目前實務上計算利息大都採複利計息，利息會隨著時間的經過而增加。複利現值的公式如下

$$F_n = P(1 + r)^n$$

F_n：終值

P：本金

r：年利率

n：期數

將上例代入複利終值公式，即可得三年後的複利終值。

$$F3 = \$1,000 (1 + 5\%)^3$$
$$= \$1000 \times 1.15763$$
$$= \$1,157.63$$

由複利終值公式，可求出複利現值的公式，表示如下：

$$P = F_n \times [\frac{1}{(1 + r)^n}]$$

若三年後的終值為 $1,157.63，現值的計算如下：

$$P = \$1,157.63 \times [\frac{1}{(1 + 5\%)^3}]$$
$$= \$1,157.63 \times [\frac{1}{1,15763}]$$
$$= \$1,000$$

16-4 資本預算之評估方法

評估資本預算決策的常用方法可大致分為：(1) 淨現值法；(2) 內部報酬率法；(3) 還本期間法；(4) 會計報酬率法；(5) 淨現值指數法。上述方法各有其優缺點，資本預算決策較為複雜、重大，通常管理人員會採數種方法評估。

一、淨現值法

淨現值法（net present value；NPV），又稱超額現值法（excess present value method），亦可簡稱現值法（present value method），係指以必要報酬率，將投資方案未來各期之現金流量（支出面、收入面），折為現值再予以加總現值淨額的方法。計算公式如下：

$$NPV = C_0 + \frac{C_1}{(1+r)^1} + \frac{C_2}{(1+r)^2} + \frac{C_3}{(1+r)^3} + \cdots\cdots + \frac{C_n}{(1+r)^n}$$

上述公式中，C_0 原始投資額，為負值；C_1、C_2、C_3……C_n 為執行計畫各期間的淨現金流量，正值即為現金流入，負值即為現金流出；r 為必要報酬率。

若計畫的淨現值大於零，代表淨現金流入，即該計畫可接受（亦即有達到必要報酬率）；淨現值若為負數，代表淨現金流出，該計畫予以拒絕。

瑞展公司目前在評估兩投資方案，甲投資方案原始投資額為 $400,000，資本計畫期間為五年，每年年底現金流入為 $100,000，所採用必要報酬率為 10%; 乙投資方案原始投資額為 $400,000，資本計畫期間為五年，每年底之現金流入為 $200,000、$160,000、$120,000、$80,000、$40,000，必要報酬率亦為 10%。

表 16-3　淨現值投資方案之評估

年度	甲投資方案			乙投資方案		
	現金流量	現值係數	現值	現金流量	現值係數	現值
0	($400,000)	1.0000	($400,000)	($400,000)	1.0000	($400,000)
1	$100,000	0.9091	90,910	$200,000	0.9091	181,820
2	$100,000	0.8264	82,640	$160,000	0.8264	132,224
3	$100,000	0.7513	75,130	$120,000	0.7513	90,156
4	$100,000	0.6830	68,300	$80,000	0.6830	54,640
5	$100,000	0.6209	62,090	$40,000	0.6209	24,836
淨現值			($20,930)			$83,676

由表 16-3 可知，甲投資方案的淨現值為（$20,930），乙投資方案的淨現值為 $83,676，瑞展公司應接受乙投資方案。

二、內部報酬率法

內部報酬率法（internal rate of return method；IRR）又稱真實報酬法（real rate of return method）、調整後報酬法（adjusted rate of return），係指投資方案淨現值為零的內部報酬率 (NPV = 0)，亦即試圖找出投資方案預期現金流出與現金流入相等之內部報酬率，再與企業所定的最低報酬率比較，若內部報酬率高於最低報酬率，即可接受；反之，應予拒絕。

計算公式如下

$$NPV = 0 = C_0 + \frac{C_1}{(1+IRR)^1} + \frac{C_2}{(1+IRR)^2} + \frac{C_3}{(1+IRR)^3} + \cdots\cdots + \frac{C_n}{(1+IRR)^n}$$

若投資方案每期現金流量均相同 $(C_1 = C_2 = C_3 = \cdots\cdots = C_n)$，則上式可改寫為

$$-C_0 = C_1 \left\{ \frac{1}{(1+IRR)^1} + \frac{1}{(1+IRR)^2} + \frac{1}{(1+IRR)^3} + \cdots\cdots + \frac{1}{(1+IRR)^n} \right\}$$

$$= C_1 \times P_n\, IRR$$

$$P_n\, IRR = \frac{-C_0}{C_1}$$

$P_n\, IRR$ 表示利率為 IRR，n 期之年金複利現值係數，若式子中的 C_0、C_1 與 n 皆為已知，就可以利用年金現值表（見附錄）查得 IRR，不需用繁複的計算公式來求算 IRR。

專有名詞

內部報酬率法
係指投資方案淨現值為零的內部報酬率。

　　瑞展公司正在評估是否需增購一批新型的電腦設備，該批電腦成本為 $1,369,920，經濟年限為三年，三年後無殘值，取得機器後每年可節省 $600,000 的營業成本，資金成本率為 13%。計算內部報酬率如下所示：

$$\frac{C_0}{C_1} = \frac{\$1,369,920}{\$600,000} = 2.2832 = P_5 IRR$$

　　查年金現值表（見附錄）三年期的部分，即可找到年金現值係數為 2.2832 的折現率為 15%，故內部報酬率（15%）大於資金成本率（13%），瑞展公司應購得該批電腦設備。

　　當年金係數無法從年金現值表查得時、當公司每期淨現金流量不相同時，可利用插補法或試誤法來求算內部報酬率。就前例來延續插補法（interpolation）的介紹，假設其他資料不變，該批機器設備成本由 $1,369,920 變為 $1,400,000，則該年金現值係數為 2.3333($1,400,000 例 $600,000)。查三年期年金現值表，表示內部報酬率介於 12% 與 14% 之間（年金現值係數 2.3333 介於 2.4018 與 2.3216 間），利用插補法計算，其計算式如下：

IRR =

較低的折現率 $+ \dfrac{依較低折現率計算的現值 - 依內部報酬率計算的淨現值}{依較低折現率計算的現值 - 依較高折現率計算的現值}$

$\times$（較高之折現率 - 較低之折現率）

利率	12%	χ	14%
年金現值係數	2.4018	2.3333	2.3216

$$IRR = 12\% + (\frac{2.4018 - 2.3333}{2.4018 - 2.3216}) \times 2\%$$

$$= 12\% + (\frac{0.685}{0.0802}) \times 2\% = 13.71\%$$

　　由上式所求得的內部報酬率（13.71%）依舊大於資金成本率（13%），瑞展公司應購得該批電腦設備。

　　瑞展公司投資方案原始投資額為 $400,000，資本計畫期間為五年，每年底之現金流入為 $200,000、$160,000、$120,000、$80,000、$40,000，必要報酬率為 10%。在此情況下，就需要利用試誤法（trial and error）來反覆推算內部報酬率，也就是說利用不同的折現率來推算現金流量淨現值，直到現金流量淨現值至零，此時的折現率即為內部報酬率。瑞展公司內部報酬率之計算式如下：

$$\frac{\$200,000}{(1+IRR)^1} + \frac{\$160,000}{(1+IRR)^2} + \frac{\$120,000}{(1+IRR)^3} + \frac{\$80,000}{(1+IRR)^4} + \frac{\$40,000}{(1+IRR)^5}$$
$$= \$400,000$$

表 16-4 內部報酬率－試誤法

年度	淨現金流量	（16% 折現率）		（20% 折現率）		（21% 折現率）	
		現值係數	現值	現值係數	現值	現值係數	現值
1	($400,000)	1.0000	($400,000)	1.0000	($400,000)	1.0000	($400,000)
2	$200,000	0.8621	$172,420	0.8333	$166,660	0.8264	$165,280
3	$160,000	0.7432	$118,912	0.6944	$111,104	0.6830	$109,280
4	$120,000	0.6407	$76,884	0.5787	$69,444	0.5645	$67,740
5	$80,000	0.5523	$44,184	0.4823	$38,584	0.4665	$37,320
6	$40,000	0.4761	$19,044	0.4019	$16,076	0.3855	$15,420
淨現值			$31,444		$1,868		($4,960)

第一次是以 16% 折現率來計算，其現值為 $31,444，大於零，表示所用折現值太小；第二次以 20% 折現率來計算，其現值為 $1,868，還是大於零，表示需要用較大的折現率；第三次以 21% 折現率來計算，其現值為（$4,960）表示此方案的內部報酬率較 20% 為高，但較 21% 為低，再以插補法搭配計算可得內部報酬率，計算式如下：

$$IRR = 20\% + \frac{\$1.868}{\$6,828} \times 1\% = 20.27\%$$

※ 淨現值法與內部報酬率法之比較

淨現值法與內部報率法同時皆考慮貨幣的時間價值、整個投資方案經濟年限的現金流量與整個投資方案的獲利率。採用淨現值法評估之投資方案計畫，尚可使用不同的折現率；內部報酬率法則可讓管理人員更加容易理解，且可讓不同投資金額方案進行比較。但內部報酬率最大的缺點即為暗示盈餘是按投資所賺得的報酬再投資，過份樂觀；現值法則暗示盈餘是按資金成本率再投資，一般而言淨現值法被認為較合理。

三、還本期間法

還本期間法（payback period method）又稱收回期間法或回收期間法。就公司而言，當一投資方案所需回收期間愈長，則投資風險與不確定因素就愈大，此法就是以收回投資額所需時間，來評估投資方案。還本期間較

> **專有名詞**
>
> **還本期間法**
> 以收回投資額所需時間，來評估投資方案。

短，投資風險較小，投資方案較佳；反之還本期間較長，投資風險較大，投資方案較差。還本期間法計算簡單廣受實務界評估使用。

（一）實際還本期間法

實際還本期間法（actual payback period method）是以實際的現金流入量為還本期間的計算基礎，並未考慮現值。

若投資方案每年的現金流入量均相同，計算公式如下：

$$還本期間 = \frac{原始投資}{每年的現金流入量}$$

瑞展公司評估是否應增購新機器設備，成本為 $51,000，耐用年限為 4 年，無殘值，在該機器的耐用年限內每年可節省營業成本 $15,000，則該計畫的還本期間為 3.4 年 ($51,000÷$15,000 = 3.4 年)。

若投資方案每年的現金流入量不相等時，還本期間法的計算，就需累積每年的現金流入量至回收投資額。

沿前例，除每年現金流入量為 $20,000、$18,000、$16,000、14,000，其他條件不變。計算式如下所示：

表 16-5　實際還本期間法

年度	現金流入量	累積金額	未回收金額
0			$51,000
1	$20,000	$20,000	$31,000
2	$18,000	$38,000	$13,000
3	$16,000	$54,000	$0
4	$14,000	$68,000	$0

由表 16-5 計算可知，此投資方案第二年底尚未回收的金額 $13,000，需至第三年中進行回收，則其計畫的還本期間為 2.8125 年（$2 + \frac{\$13,000}{\$16,000}$ = 2.8125 年）。

（二）折現還本期間法

折現還本期間法（discounted payback period）係實際還本期間法的改良，加入貨幣時間價值的考量，將未來現金流入量折現後，再來計算還本期間。沿前例，折現率為 10%，以下表 16-6 說明之。

表 16-6　折現還本期間法

年度	現金流入量	現值係數	折現之現金流量	現金流量現值餘額
0	($51,000)	1.0000	($51,000)	($51,000)
1	$20,000	0.9091	$18,182	($32,818)
2	$18,000	0.8264	$14,875	($17,943)
3	$16,000	0.7513	$12,021	($5,922)
4	$14,000	0.6830	$9,562	$3,640

由表 16-6 可知，瑞展公司的現金流量現值餘額至第四年才轉為正數，則計畫還本期間為 3.62 年（$3 + \dfrac{\$5,922}{\$9,562} = 3.62$ 年）。

（三）保全還本期間法

保全還本期間法（bailout payback period method）又稱穩健收回法，係為累積現金流入量與投資資產的處分價值等於原始投資額，在其他情況不變下，保全還本期間較短的方案優於較長的方案。此法考量了現金流入的速度與資產的處分價值，但未考慮貨幣的時間價值，以風險衡量觀點來看，保全還本期間法優於實際還本期間法。

瑞展公司擬購買國外的自動化設備，採購部門於蒐集資料後，送予管理人員評估，相關資料如下：

	A 設備	B 設備
成　　本	$500,000	$1,200,000
每年現金節省數	$100,000	$300,000
機器耐用年限	10 年	10 年

A 設備預期第一年底的處分資產殘值為 $240,000，爾後每年遞減 $20,000；B 設備預期第一年底的處分資產殘值為 $700,000，每年遞減 $100,000，以表 16-7 說明保全還本期間法之計算。

表 16-7 保全還本期間法

	年度	累積現金節省數	處分資產殘值	累積總數
A 設備	1	$100,000	$240,000	$340,000
	2	$200,000	$220,000	$420,000
	3	$300,000	$200,000	$500,000
B 設備	1	$300,000	$700,000	$1,000,000
	2	$600,000	$600,000	$1,200,000

由上表可知，A 設備的保全還本期間為 3 年；B 設備的保全還本期間為 2 年，在其他情況不變下，應選擇購置 B 設備。

還本期間法之共同優點，計算簡單，管理人員容易瞭解、現金流量而非應計基礎下之淨利，亦可視為風險評估的指標；共同的缺點則為未考慮還本期間後之現金流量與投資方案整體的獲利性。折現還本法特別考量了貨幣的時間價值，保全期間法則考量了處分資產的殘值，資本預算的決策金額通常十分龐大，管理人員將採用數種方法進行評估。

四、會計報酬率法

會計報酬率法（accounting rate of return method，簡稱 ARR 法）又稱應計基礎會計報酬率法（accrual accounting rate of return）、調整前報酬率法（unadjusted rate of return method）、資產報酬率（return on assets）、投資報酬率（return on investment）。此法以投資方案會計基礎下的損益除以投資額，投資額可以是原始投資額、原始投資額與殘值的平均數，管理人員可自行決定，在其他情況不變下，管理人員通常選擇較高會計報酬率的投資方案。計算公式如下：

$$會計報酬率 = \frac{預期平均淨利}{投資金額}$$

表 16-8 瑞展公司四年期損益表

年度	1	2	3	4
營運收入	$2,200,000	$2,200,000	$2,200,000	$2,200,000
製造費用	(100,000)	(100,000)	(100,000)	(100,000)
薪資費用	(1,200,000)	(1,000,000)	(1,200,000)	(1,100,000)
修理費用	(100,000)	(100,000)	(100,000)	(100,000)
水 電 費	(40,000)	(40,000)	(40,000)	(40,000)
其他費用	(40,000)	(40,000)	(40,000)	(40,000)
稅前淨利	$720,000	$920,000	$720,000	$820,000
所 得 稅	(170,000)	(220,000)	(170,000)	(195,000)
稅後淨利	$550,000	$700,000	$550,000	$625,000

原始投資額　$1,800,000

處分資產殘值　$200,000

預期平均淨利＝（$550,000+$700,000+$550,000+$625,000）÷4 = $606,250

平均投資額＝（$1,800,000+$200,000）÷2=$1,000,000

會計報酬率＝ $606,250÷$1,000,000（平均投資額）= 60.63%

會計報酬率＝ $606,250÷$1,800,000（原始投資額）= 33.68%

　　由表 16-8 可知，若是使用平均投資額為 $1,000,000 分母時，所求得的會計報酬率會偏高，故管理人員再決定是否接受此一方案時，採用的預期報酬率應需相對的提高，但不論是使用原始投資額或平均投資額，大多情況下不會影響投資方案的優先順序，故此二法，孰優孰劣，尚無定論。

　　會計報酬率法的優點為計算簡單，管理人員容易瞭解、可直接由會計記錄中取得資料且考慮整個投資方案獲利性。缺點為未考慮貨幣的時間價值、現金流量，若在投資方案後，再進行投資，則難以適用。

五、淨現值指數法

　　淨現值指數法（present value index method）又稱獲利指數法（profitability index method），以現值指數來評估投資方案，指數愈大，表示投資方案愈佳。現值指數大於 1 代表可回收原始投資額，值得投資此方案；反之，現值指數小於 1 代表無法回收原始投資額，不值得投資。計算公式如下：

$$現值指數 = \frac{累積現值現金流入數}{原始投資額}$$

瑞展公司評估下列兩投資方案，資金成本率為 12%，運用淨現值指數法，來進行資本預算決策優先性順序，其相關資料如下：

年度	投資方案 A	投資方案 B
0	$10,000	$8,000
1	$3,000	$4,000
2	$4,000	$4,000
3	$2,000	$4,000
4	$3,000	$0
5	$2,000	$0

表 16-9　淨現值指數法

年度	投資方案 A	現值係數 12%	現金流量現值	累計現值
0	($10,000)	1.0000	($10,000)	
1	$3,000	0.8929	$2,679	$2,679
2	$4,000	0.7972	$3,189	$5,868
3	$2,000	0.7118	$1,424	$7,292
4	$3,000	0.6355	$1,907	$9,199
5	$2,000	0.5674	$1,135	$10,334
年度	投資方案 B	現值係數 12%	現金流量現值	累計現值
0	($8,000)	1.0000	($8,000)	
1	$4,000	0.8929	$3,572	$3,572
2	$4,000	0.7972	$3,189	$6,761
3	$4,000	0.7118	$2,847	$9,608
4	$0	0.6355	–	–
5	$0	0.5674	–	–

從表 16-9 得知，A 投資方案現值指數為 103%（$10,334÷$10,000），B 投資方案現值指數為 120%（$9,608÷$8,000），應先執行 B 投資方案。

現值指數法的優點為考慮貨幣的時間價值、現金流量、整個投資方案獲利性；缺點為當投資方案規模不等，決策可能偏向投資額較小的方案，而忽略整體的穫利；投資方案計畫期間不等時，決策可能偏向方案期間較長，而忽略長期間所隱含的高風險與折現率的決定較為困難。

成會焦點

垂直整合策略與策略聯盟

在以往全球 PC 供應鏈，臺灣所扮演的角色是價值最低的那一階段，追隨著微軟及英特爾的腳步。現今國際科技產業日新月異，手機等行動裝置取代電腦的許多功能，韓國三星集團的垂直整合模式，幾乎被奉為新圭臬。

圖片來源：台灣積體電路製造公司。

在全球競爭激烈的半導體市場，台積電一直以來是該產業的領導者引領半導體的技術，也穩居在晶圓代工的龍頭。而臺灣科技業跟韓國三星也不能一概而論，台積電不盲目跟隨三星的重質整合的做法，則採用不和客戶競爭的策略聯盟，台積電把客戶、設備廠、智慧財產公司組成大同盟，運用合作取代壓制，創造共同價值。

且在全球每當賣出一隻手機，就貢獻給台積電相當於七美元營收。台積電最大客戶——高通，也可從中收到不少的權利金。因此，高通才可以全心在開發手機晶片。從此可看出分工的策略同盟對抗垂直整合大集團的態勢愈來愈明朗。

資料來源：天下雜誌 521 期。

六、資本預算的事後審核

資本支出預算計畫在事前經過評估再加以執行，並不確保都能成功的達到預期的目標。當計畫經過核准並加以執行後，管理人員仍需持續追蹤計畫的進行，將其實際數和預計數加以比較，看是否有產生重大的差異。若計畫有重大的差異數，應採行必要的行動以確保目標的達成。上述即為事後審核的執行工作，可作為檢視公司規劃與控制的重要工具，使其資本預算計畫更有可能成功的執行。例如：因環境因素的變動而導致與原先計畫產生差異抑，或是當初預測過於樂觀或悲觀，管理人員則應重新評估情況以決定是否中止計畫或繼續執行；另一方面而言，則可能是管理人員在計畫執行時發生偏差，則應有改正的行動以朝原定計畫執行。

事後審核計畫的時機不應在計畫初期執行，應至計畫執行到某一階段再進行定期的追蹤計畫。且資本預算計畫通常是一次性的不具重覆性，很難設定一標準來衡量績效，當公司在進行資本預算績效評估，應以長期觀點而非短期觀點，亦應將決策與評估基礎設定一致，如此一來管理人員才不致被誤導。最後，在執行事後審核工作時亦應考量成本效益原則，惟有效益大於成本才有其執行的必要。

16-5 所得稅因素

評估長期的投資方案時，資本預算決策主要是以現金流量來進行衡量各方案間的效益。

上述皆未討論到所得稅對於資本預算決策所造成的影響，實務上企業都須申報營利事業所得稅，將對現金流量有所影響，例如：所得稅的節省會增加現金流量，因此有可能改變資本預算的決策。故在評估長期的投資方案時，資本預算決策主要是以現金流量來進行衡量各方案間的效益，故亦應將所得稅的因素加入考量。

資產的折舊費用為非現金支出，雖然不會直接對企業的現金流量造成影響，但在報稅時可扣抵營利所得，即可減少應納之所得額。當企業在申報營利所得時，將折舊列為費用，從所得中減除即可減少應納稅額，故減少現金流出量。由此看來，若折舊費用愈大所節省的稅額就愈大，此種現象為折舊稅盾（depreciation tax shield）。折舊費用的多寡，主要是由企業所選擇的折舊方法來決定的，可以由下列的公式求得由稅盾所節省的稅額：

折舊所節省的所得稅＝折舊費用 × 所得稅率

以瑞展公司為例，在 2010 年 1 月 1 日的例行會議上，業務部門主管建議公司應提供給顧客更即時的服務。應購買一套自動化的電腦設備 $4,000,000，可即時反應顧客的需求且傳送到該處理的部門，可縮短顧客的等待時間，增進顧客的滿意度，也可以讓公司創造更好的業績。管理人員評估這套電腦設備的估計耐用年限為 5 年，採直線法提列折舊，無殘值，購入後在未來年度每年可增加營業額 $2,500,000，維修費用為 $300,000，人事薪資費用為 $600,000，稅率 25%。以下為各收入費用的現金流量：

營業額＝ $2,500,000 － $2,500,000×25% ＝ $1,875,000（流入）

維修費＝ $300,000 － $300,000×25% ＝ $225,000（流出）

薪資費用＝ $600,000 － $600,000×25% ＝ $450,000（流出）

折舊費用＝ $800,000×25% ＝ $200,000（流入）

※ 折舊費用＝ $4,000,000÷5 ＝ $800,000/ 年，折舊是一項不造成現金流出的費用，但可在稅法上合理減除，可扣抵所得稅款，即此部分可視爲現金的流入，表 16-10 爲折舊費用對現金流量各年的影響。

表 16-10　折舊費用對現金流量的影響

年度	折舊費用	稅率	減稅部分的現金流入
1	$800,000	25%	$200,000
2	$800,000	25%	$200,000
3	$800,000	25%	$200,000
4	$800,000	25%	$200,000
5	$800,000	25%	$200,000

　　表 16-11 爲瑞展公司稅後現金流量的分析，包括了電腦設備的投資成本 $4,000,000，每年的稅後現金流入量、稅後現金流出量與折舊費用因稅盾而造成的現金流入數，再以折現率 10% 計算。由分析結果顯示，淨現值爲 $1,306,980，故本計畫値得進行。

表 16-11　稅後現金流量的淨現值分析

現金流量項目	年度					
	0	1	2	3	4	5
購買成本	$4,000,000					
銷售額		$1,875,000	$1,875,000	$1,875,000	$1,875,000	$1,875,000
維修費		(225,000)	(225,000)	(225,000)	(225,000)	(225,000)
薪資費用		(450,000)	(450,000)	(450,000)	(450,000)	(450,000)
折舊稅盾		200,000	200,000	200,000	200,000	200,000
年度現金流量	($4,000,000)	$1,400,000	$1,400,000	$1,400,000	$1,400,000	$1,400,000
現值係數	1.0000	0.9091	0.8264	0.7513	0.6830	0.6209
現值	($4,000,000)	$1,272,740	$1,156,960	$1,051,820	$956,200	$869,260
淨現值	$1,306,980					

16-6 通貨膨脹因素

通貨膨脹（inflation）為貨幣單位的購買力，隨著平均物價持續上漲而使貨幣購買力下降的現象。由於資本預算決策涵蓋較長的時間，其中可能有物價波動的情況產生，故本節討論通貨膨脹因素對折現率的影響，將其納入現金流量之分析中。

一、實質利率及名目利率

實質利率（real interest rate）為以通貨膨脹狀況而予以調整過後之資金報酬率，是由無風險利率加上企業風險率。無風險利率通常指的是長期公債所支付的純利率，企業風險率則為企業風險所要求的報酬率。名目利率（nominal rate）為實質利率加上通貨膨脹的補貼。其公式如下：

名目利率＝實質利率＋通貨膨脹率＋實質利率 × 通貨膨脹率
＝〔（1 ＋實質利率）×（1 ＋通貨膨脹率）〕－ 1

假設實質利率為 2%，通貨膨脹率 1%，則名目利率的計算如下所示：

2% ＋ 1% ＋ 2%×1% ＝ 3.02%
或〔（1 ＋ 2%）×（1 ＋ 1%）〕－ 1 ＝ 3.02%

二、名目貨幣及實質貨幣

名目貨幣（nominal dollars）為實際觀察到的現金量；實質貨幣（real dollars）為經過物價指數調整過後的實質購買力。例如：瑞展公司預期未來五年的現金流量分別如下，設通貨膨脹率為 1%，以 95 年為基期，則瑞展公司未來五年的名目與實質現金流量如表 16-12 所示。

表 16-12　名目與實質的現金流量

年度	名目現金流量	通貨膨脹率	實質現金流量
95	$10,000	1	$10,000
96	$10,100	1.01^1	$10,000
97	$10,201	1.01^2	$10,000
98	$10,303	1.01^3	$10,000
99	$10,406	1.01^4	$10,000

　　由上表可知，雖然瑞展公司每年的現金流入量皆有增加，但其實質現金流入量，則每年維持不變，均為 $10,000。

　　在評估資本預算決策時，可使用名目法與實質法將通貨膨脹因素納入考量。名目法（nominal method）以名目貨幣衡量現金流量，且以名目利率來決定折現率；實質法（real method）以實質貨幣衡量現金流量，且以實質利率來決定折現率。

　　瑞展公司正在考慮是否購置一自動化機器取代人工的例行工作，該自動化機器成本為 $50,000，估計耐用年限為 4 年，採年數合計法提列折舊，無殘值，稅率為 25%，預期將為公司帶來 $15,000 營運成本節省數，必要報酬率為 10%，預期通貨膨脹率 2%。表 16-13 為瑞展公司購置自動化機器之現金流量資料。

表 16-13　現金流量資料

年度	現金流量 (1)	稅後現金流量 (2)	折舊費用 (3)	折舊稅盾 (4)	稅後現金流量總額 (2)+(4)
0	($50,000)				($50,000)
1	15,000	$11,250	$20,000	$5,000	16,250
2	15,000	11,250	15,000	3,750	15,000
3	15,000	11,250	10,000	2,500	13,750
4	15,000	11,250	5,000	1,250	12,500

（一）名目法

　　　　名目利率 $= (1 + 10\%) \times (1 + 2\%) - 1 = 12.2\%$

　　由表 16-14 計算結果可知，折算之淨現值為淨現金流出 $5,977，表示購買此自動化機器對瑞展公司是不利的，故不應購置此機器。

表 16-14　名目貨幣之淨現值

年度	稅後現金流量總額	現值係數 (12.2%)	現值
0	($50,000)	1.0000	($50,000)
1	16,250	0.8913	14,484
2	15,000	0.7944	11,916
3	13,750	0.7080	9,735
4	12,500	0.6310	7,888
淨現值			($5,977)

（二）實質法

若瑞展公司是以實質法來計算通貨膨脹的問題，首先應將現金流量轉為實質貨幣來衡量，然後再依實質利率（10%），將實質現金折現，如下表 16-15 所示。

表 16-15 　實質貨幣之現金流量與淨現值

年度	稅後現金流量總額 （名目）	通貨膨脹率	稅後現金流量總額 （實質）	現值係數	現值
0	($50,000)	1.0000	($50,000)	1.0000	($50,000)
1	16,250	1.0200	15,931	0.9091	14,483
2	15,000	1.0404	14,418	0.8264	11,915
3	13,750	1.0612	12,957	0.7513	9,735
4	12,500	1.0824	11,548	0.6830	7,888
淨現值					($5,977)

用上述兩種方法計算出的淨現值皆應相同，如表 16-14 及表 16-15 淨現值 ($5,977)。由上述計算可知，不論是使用名目法或實質法，其計算出來的結果都是相同的 [2]。

2　通常容易發生的錯誤，是把現金流量轉換為實質貨幣，但卻以名目利率來折現，如此一來可能會導致做出錯誤的決策，須特別加以注意

資本預算資金分配案例

　　以下所討論的案例，皆假設瑞展公司之資金與能力，可以評估其中之任一方案，但在實際上，可能公司的資金或管理人力的缺乏，使公司放棄淨現值為正數之投資方案。在此情況下，管理人員須面對，由原本的接受某一方案，變為排列決策，即為配合公司整體的資本預算資金的額度，排列出預算投資方案的優先順序。下表為瑞展公司之投資方案相關資料，以折現率 10% 計算，且這些投資方案皆可進行，不互相排斥，若資金有限時則必需排列順序，以選擇投資方案。

年度	A 方案	B 方案	C 方案	現值係數
0	($600)	($550)	($400)	1.0000
1	180	200	50	0.9091
2	180	160	150	0.8264
3	180	160	150	0.7513
4	180	160	150	0.6830
5	180	160	150	0.6209
合計	$300	$340	$250	
現金流入的現值總額	$682	$643	$478	
淨現值	$ 82	$ 93	$ 78	

問題一：

　　若以淨現值指數法來進行投資方案的選擇，是否與淨現值法有衝突？

問題二：

　　若偏好投資額較大的方案，是否會造成方案的偏差？

討論：

　　企業在制定資本預算決策時，應考慮是否會因選擇的方法有所不同，而造成反功能決策，而應輔以其他方法予以評估，以制定對企業整體而言最有利的決策。若企業以投資報酬為觀點，則依各方案淨值指數的大小排列優先順序，企業應謹慎訂立衡量指標，以免造成組織與部門（個人）之間的利益衝突。

※ 若以淨現值法則選擇投資方案 B（淨現值最大 93）；若以淨現值指數法則選擇投資方案 C（淨現值指數最大 1.20）。

$$A \text{ 投資方案淨現值指數} = \frac{682}{600} = 1.14$$

$$B \text{ 投資方案淨現值指數} = \frac{643}{550} = 1.17$$

$$C \text{ 投資方案淨現值指數} = \frac{478}{400} = 1.20$$

本章回顧

　　資本預算決策爲企業長期性之投資及理財規劃決策，企業的資源是有限的，透過資本預算決策，可幫助企業在眾多投資方案中選擇出最佳投資標的物，創造企業投資報酬率以提升公司整體價值。資本預算的步驟：1.確認方案及預估結果；2.評估方案及選擇方案；3.財務規劃；4.執行方案並控制。資本預算的特性則爲投資金額較大、時間較長與高度不確定性、風險較高。

　　資本預算支出從投資計畫開始至結束，通常可分爲：1.原始投資額；2.營運現金流量；3.投資計畫結束，以此三階段分析其現金流量。本章介紹了五種評估資本預算的方法：1.淨現值法；2.內部報酬率法；3.還本期間法；4.會計報酬率法；5.淨現值指數法。

　　本章介紹了五種評估資本預算的方法：1.淨現值法：以必要報酬率，將投資方案未來各期之現金流量，折爲現值再予以加總現值淨額；2.內部報酬率法：求出投資方案淨現值爲零的內部報酬率，再與企業要求最低報酬率比較；3.還本期間法：以收回投資額所需時間，來評估投資方案之風險；4.會計報酬率法：以投資方案會計基礎下的損益除以投資額；5.淨現值指數法：以現值指數來評估投資方案。上述方法各有其優缺點，資本預算決策較爲複雜，通常管理人員會採用數種方法進行評估。資本預算尚須將所得稅、通貨膨脹因素納入考量。資本預算在事前評估再予以執行，管理人員仍需持續追蹤計畫，將實際數和預計數加以比較，若有產生重大的差異，應採行必要的行動以確保目標的達成。

本章習題

一、選擇題

( ) 1. 甲公司欲購買一部新機器,估計耐用年限 10 年,無殘值,該公司擬採直線法提列折舊。估計該機器可產生之每年稅前淨現金流入為 $21,000,所得稅率為 25%,投資之稅後回收期間為 5 年,試問該新機器的成本為何?

(A) $52,500　(B) $78,750　(C) $84,000　(D) $90,000。　　（106 鐵路高員）

( ) 2. 資本預算決策涵蓋期間較長,故計算投資計畫之淨現值（net present value, NPV）時必須考慮物價波動因素。下列敘述中,那一項正確?

(A) 會計資訊皆以名目貨幣表達,故計算 NPV 時,應以名目貨幣衡量現金流量,並使用實質利率來折現

(B) 計算 NPV 時,若以名目貨幣衡量現金流量,並使用名目利率來折現,將低估 NPV

(C)（1 ＋實質利率）＝（1 ＋名目利率）×（1 ＋通貨膨脹率）

(D) 實質利率包含無風險利率與風險溢酬（risk premium）。　　（106 會計師）

( ) 3. 有關內部報酬率法與淨現值法之敘述,下列何者錯誤?

(A) 內部報酬率法係以內部報酬率為折現率

(B) 內部報酬率係指以回收之資金再投資之報酬率

(C) 淨現值法係以資金成本率為折現率

(D) 內部報酬率法與淨現值法兩者皆考慮貨幣的時間價值。　　（106 普考）

( ) 4. 有關資本支出決策常用的回收期間法,下列敘述何者正確?　①使用回收期間法可能造成選擇內部報酬率較低的投資方案　②回收期間法不考慮投資回收以後的現金流量　③回收期間法只有在每一期的現金流量相同時才能使用

(A) 僅①②　(B) 僅①③　(C) 僅②③　(D) ①②③。　　（106 高考會計）

( ) 5. 某設備投資案投資成本 $150,000,一開始尚需耗用營運資金 $30,000,投資案為期五年,每年年底產生現金流入 $50,000,第五年年底的設備殘值為 $50,000,營運資金不會回收。若要求報酬率為 5%,不考慮所得稅,該投資案之淨現值為何?（5 期,5% 之複利現值因子為 0.7835;5 期,5% 之複利普通年金因子為 4.3295）

(A) $59,980　(B) $75,650　(C) $99,160　(D) $105,650。　　（106 高考會計）

( ) 6. 甲公司考慮購買 $120,000 之機器一部，該機器估計可用八年，殘值為 $50,000，依直線法提列折舊，每年產生現金收入 $25,000，不含折舊之每年現金費用為 $1,000，第八年年底估計可按殘值出售。若公司之要求報酬率為 10%，適用所得稅率為 30%，該機器之淨現值為何？（8 期，10% 之複利現值因子為 0.4665；8 期，10% 之複利普通年金因子為 5.3349）

    (A) $16,369（負值）   (B) $7,048（負值）

    (C) $6,956（正值）   (D) $10,691（正值）。   （106 軍官轉任四等）

( ) 7. 有關資本支出投資成本之敘述，下列何者錯誤？

    (A) 投資淨額為原始投資成本扣除處分舊有投資所得後之金額

    (B) 若以現有資產投入計畫，則原始投資成本應以該資產之帳面金額計算

    (C) 執行新投資計畫若需使用營運資金，將使投資金額增加

    (D) 新投資計畫需先整理舊資產後方能執行，所產生之現金流出將使投資金額增加。   （105 地特四等）

( ) 8. 甲公司 B 部門於 X8 年初考慮一個新投資計畫，在未計入該計畫前 B 部門全年預計資料如下：部門利潤 $1,200,000，流動資產 $2,500,000，非流動資產 $3,500,000。該計畫需購買機器設備，相關資料如下：成本為 $1,000,000，預計可使用 4 年，無殘值，每年淨現金流入為 $360,000，甲公司採用年數合計法提列折舊。B 部門經理接受此投資計畫後之 X8 年部門投資報酬率為何？

    (A) 22.3%   (B) 20.9%   (C) 19.3%   (D) 16.6%。   （105 地特三等）

( ) 9. 某公司擬進行一項投資方案，若公司之必要報酬率為 15% 時，此投資方案之淨現值為負。請問該投資方案之內部報酬率為何？

    (A) 20%   (B) 15%   (C) 小於 15%   (D) 大於 15%。   （105 地特三等）

( ) 10. 請回答下列二題。臺北藥廠擬購入一台價值 $1,000,000 的製藥機器，預期可使用 10 年，採直線法提列折舊，無殘值，預計所生產的新藥每年將增加現金流入 $150,000（稅前），設所得稅率為 20%，此投資計畫的還本期間為幾年？

    (A) 8.33   (B) 7.14   (C) 6.67   (D) 5.00。   （105 會計師）

二、計算題

1. 台北公司有下列兩項替代性投資方案：

方案	投資額	現金流入	
		第一年	第二年
A	$10,000	6,500	6,500
B	12,000	7,700	7,700

公司要求最低報酬率 10%

試求：

(1)若以 IRR 法評估，應選擇哪一方案？

(2)若以 NPV 法評估，應選擇哪一方案？

2. 甲公司生產辦公家具設備，目前公司管理階層計畫引進 JIT 系統以提供客戶更佳之服務。JIT 系統包含電腦軟、硬體系統與材料處理設備，電腦系統最初需要投資 $1,500,000，材料處理設備則需 $500,000。為課稅目的，採用直線法提列折舊，耐用年限 5 年，第 5 年年底材料處理設備可售 $150,000，而電腦系統則無處分價值。其他資料如下：

(1)由於引進 JIT 系統後服務品質提升，估計第 1 年將使收益增加 $800,000，往後每年會持續成長 10%。

(2)變動成本率為 40%。

(3)第 1 年年底減少營運資金 $150,000，但在第 5 年年底回復原有營運資金水準。

(4)目前每年租金為 $300,000，由於減少使用空間可節省 20% 租金，但材料採購成本每年增加 $50,000。

若甲公司要求稅後報酬率為 10%，所得稅率為 40%，並假設所有現金流量皆於年底發生，請用淨現值法計算此計畫之淨現值，以決定公司是否應購置 JIT 系統。（計算若有小數點，取至小數點後第三位數）

3. 甲公司 X7 年平均資產為 $20,000,000，損益相關資料如下：產品銷貨數量為。800,000 單位，每單位售價 $30，變動費用 $11,200,000，固定費用 $8,500,000，所得稅費用為 $1,075,000。甲公司正考慮發行公司債來購買新設備，該設備成本 $700,000，公司債每年利息 $70,000，該設備預計每年可節省 $150,000 之費用（已包含折舊費用）。甲公司發行公司債購買新設備之稅後投資報酬率為何？

4. 甲公司考慮繼續使用舊機器或重置新機器，現有資料如下：關於此一決策，應繼續使用舊機器或是重置新機器，可節省多少成本（不考慮貨幣的時間價值）？

	使用機器	重製新機器
機器成本	$90,000	$40,000
購入時估計使用年限	9	5
目前已使用年限	4	0
提折舊時估計最終殘值	0	0
採用之折舊方法	直線法	直線法
舊機器現時處分價值	$15,000	--
每年的現金營業成本	$8,500	$4,500

5. 甲公司正在評估是否投資一項成本為 $450,000 的設備。該設備耐用年限 10 年，無殘值。該計畫每年產生 之營業淨利為 $105,000。若公司的必要報酬率為 12%，則該計畫的還本期限為何？

6. 甲公司欲購入一部新機器以生產新產品，估計該機器可使用 3 年，無殘值，此項投資預期每年可產生之淨現金流入數為 $100,000，公司要求的報酬率為 18%，如不考慮所得稅及通貨膨脹的影響因素，則甲公司至多願意支付機器的購買金額為何？（折現因子四捨五入至小數點後五位）

7. 甲公司正在評估是否投資一項設備，該設備成本為 $200,000，耐用年限為 5 年，無殘值。預期各年度所產 生的現金流入如下： 假設上述現金流入於年度中平均發生，則該投資的還本期限為何？

年度	現金流入
1	$120,000
2	60,000
3	40,000
4	40,000
5	40,000
合計	$300,000

8. 甲公司擬購買一部新機器，購買成本 $110,000，估計耐用年限 10 年，殘值 $10,000，採直線法折舊。 若每年預期可增加現金流入 $21,000，則其原始投資之會計報酬率為何？

9. 甲公司處分一台機器，獲得現金 $25,000。該機器原始成本為 $85,000，處分時之累積折舊為 $54,500。甲公 司之營業淨利為 $55,000，若所得稅率為 40%，則其處分機器之稅後現金流入為何？

CHAPTER 17 策略、管理控制系統、績效衡量

學習目標 讀完這一章,你應該能瞭解

1. 策略與管理控制系統之觀念。
2. 責任中心定義與類型。
3. 績效衡量系統與平衡計分卡。
4. 投資報酬率、剩餘利潤與經濟附加價值。

引言

多年前，瑞展公司的張董事長，已看準東南亞地區人工低廉，若想與其他齒輪器材廠商在國際市場上競爭，那麼加工的成本勢必不可太高，故決定在越南設廠以生產齒輪。

佳年深感在這瞬息萬變之競爭環境下，瑞展公司要在業界占有一席之地，除了須有策略執行，更需有良好的競爭條件以立於不敗之地。越南廠生產的產品在市場行銷上採行低價策略，先提高齒輪的市佔率，爾後再慢慢的進行價格調整，以利於達成長期市場的穩固。

17-1 策略與管理控制系統之定義

策略這個主題一直是管理會計學者感興趣的主題，在有關於會計的文獻中，皆談論到管理控制系統（management control system；MCS）與策略的關係，認為管理控制系統須與組織所採行的策略相配合，才能享有競爭優勢與較佳的績效表現，或是較高的績效表現可能源自於組織所採行的策略、內部結構與控制系統的互相配合。

管理控制系統廣泛地包含了策略規劃、預算編製、資源分配、轉撥訂價、管理會計系統、績效衡量與評估，以及員工獎酬等，它是一套正式與非正式的程序與流程，有助於管理者與組織成員達成個人目標和組織目標。

一、策略的定義

策略為有關於組織未來的經營與發展決策模式，而其中心的概念為企業必須具有競爭優勢以取得高於平均利潤及成長的機會；策略亦可決定出企業長期發展的基本目標與方向，因應外部環境而採取行動，並且配置因執行這些企業目標所需的資源。因此，策略為一企業如何去管理其所面對的外部競爭，而不僅僅是狹隘的經濟目標而已。

一般而言，策略可以分為三個層次：公司策略（corporate strategy）、事業策略（business strategy）與功能策略（operational strategy）。

　　公司策略主要是決定公司要經營哪些事業單位，哪些事業單位要裁撤，以符合公司的結構與提升績效；事業策略主要是決定每一個策略性事業單位（SBU）應採行何種競爭策略與如何定位以獲得競爭優勢；功能策略主要透過各個功能性部門來執行，以符合事業策略的目標與創造競爭優勢。

二、新策略發展－藍海策略：如何兼顧差異化與低成本

　　對於大多數代工起家的臺灣而言，壓低成本、搶佔市佔率的企業因而流血競爭，血流成海是每日每夜的噩夢。韓裔美籍教授金偉燦（W. Chan Kim）與芮妮·莫伯尼（Renée Mauborgne）率先提出紅海與藍海市場兩個觀念，描述企業若要掙脫高度競爭的紅海環境，必須開創無人競爭的新市場，就叫做藍海市場[1]，同時兼顧差異化與低成本的策略發展。金偉燦與莫伯尼提出 5 種策略工具，分別說明如下：

　　第一個策略工具為清楚知道自己的定位與優劣勢，將公司的產品項目分為先驅者、移動者、安定者。安定者的優點是目前企業穩定的獲利來源，缺點是可能已陷入模仿、激烈削價競爭的陷阱；先驅者是擁有價值創新的業務，往往能轉變成公司未來的成長引擎，移動者介於中間。通常，如果公司業務包含許多移動者，公司仍可望成長，可是未充分利用成長潛力。

　　第二個策略工具將比較分析自己與主要競爭者，了解自己的定位與優劣勢之後，藍海企業通常會從 5 到 12 個面向，來尋找自己與競爭對手的差異之處。多半涵蓋從生產製造到銷售、價格，甚至售後服務等競爭要素，了解與主要競爭者差異與尋求改善。

　　第三個策略工具將目光從現有顧客，轉移到潛在顧客，認清自己的優勢與劣勢，尋找藍海的下一步，就是將焦點從現有顧客，轉移到未來顧客身上，發覺新市場或新的使用者。

　　第四個策略工具透過六條途徑，採用全新思考方式，想像未來開創新市場，達到新的價值成本邊界，六條途徑分別如圖 17-1 所示。

1　金偉燦，芮妮·莫伯尼（2018）。航向藍海。（周曉琪譯）。臺北市：天下雜誌。(原著出版年：2018 年)

第五個策略工具為尋找藍海機會，提出四項行動如圖 17-2，並且設定具體行動，同時達到差異化與低成本的新藍海市場。

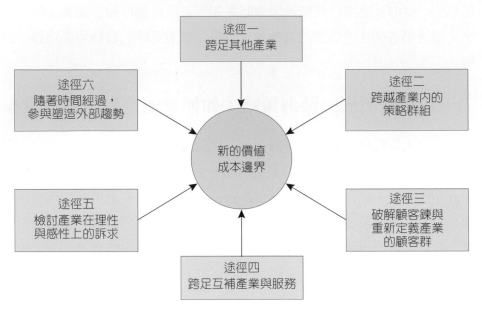

圖 17-1 六條途徑達到新的價值成本邊界

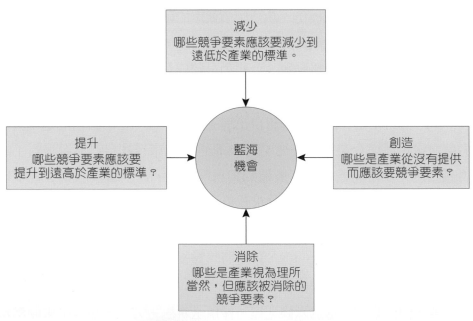

圖 17-2 四項行動尋找藍海機會

三、管理控制系統定義與分類

根據學者[2] 對「管理控制」所下的定義為：經理人員影響組織成員去執行與落實組織策略的一個過程。而管理控制系統（MCS）的要素則包含策略規劃、預算、資源分攤、績效衡量、績效評估、績效獎酬、責任中心分配和移轉計價等。另外，在一般規劃與控制的功能中，主要流程為策略的形成、管理控制與工作控制（如圖 17-3）。(1) 策略的形成主要是決定出組織的目標與達到這些目標的策略；(2) 管理控制則是執行組織的策略，包含下列活動：規劃組織應該做什麼、協調不同部門的活動、溝通資訊、評估資訊、選擇應執行哪一種活動與影響他人改變行為等活動；(3) 工作控制則是追求個人工作的效率與效能績效表現。

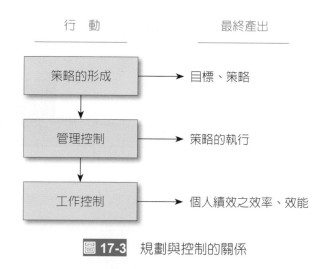

圖 17-3 規劃與控制的關係

四、策略與管理控制系統的關係

管理控制系統與策略的結合，可使企業之競爭優勢與績效有較佳的表現，前述之管理控制系統包括了許多的子系統，但當組織追求不同策略時，其管理控制系統設計亦會有所差異，例如：當廠商追求成本領導策略時，將比追求差異化策略的廠商更需要詳細的產品成本資訊、不同生產技術的比較資訊或分析不同的顧客對利潤的貢獻度。而當廠商是追求差異化

2 Anthony, R. N. and V. Govindarajan. 2007. Management control systems. 12th ed. McGraw-Hill. Irwin.

策略時，則將比追求成本領導的廠商更需要有關於新產品的創新、設計循環的時間、研究發展費用的支出或行銷成本的分析等資訊。總之，追求差異化策略時，需要由 MCS 提供不同項目的成本分析，如 R&D、產品創新或行銷研究，也就是所需的資訊範圍更廣，而不只是製造成本或產品成本的分析而已。

成會焦點

跨國企業市場策略之發展

　　隨著全球市場由歐美市場轉移到亞洲市場，許多跨國公司亞洲市場已佔總營業比重四成以上，跨國公司亞洲分公司已從過去成本中心、利潤中心，轉換為策略夥伴。

圖片來源：3M 官方網站

　　臺灣是跨國公司的練兵場，臺灣地小，南北來回只要五個小時，只須設立一、二個物流中心，後勤補給即可掌握整個市場。2008 年可口可樂靠著臺灣推出的新產品美粒果果汁，創下亞太業績成長率第二高的佳績，臺灣區總經理說，這對正在發展的中國市場有很大的啟示，可將其經驗應用於中國市場上。

　　臺灣亦有強大的製造業優勢，以商品橫跨醫療、汽車、光電、消費性產品的 3M 為例，在全世界六十多國都設有據點，臺灣營收排名全球前十名，不算特別突出，但是其中七成的營業額都來自臺灣電子業大廠，「就算他們出走，總部還是在臺灣，」包括臺灣自行研發、用來遮青春痘的荳痘隱形貼，或是前年底上市的 3M 紫外線殺菌淨水器，在臺灣特力屋曾創下上萬種品項中銷售總金額第二名。

資料來源：天下雜誌 423 期

17-2 責任中心

經過張經理一連串的講解，佳年已對上一章節的預算制度相關會計處理有了初步的認知，張經理認為整體預算與責任中心兩個主題一起討論，指出為了達到整體預算所描述的目標，欲使預算編製具有效率，組織必須協調從最高管理階層到每一階層所有員工的努力。亦即將預算責任指派給可以對計畫具有與控制能力，且能掌握有形資源並採取行動的管理人員。不管那一層級的管理者，都會負責一個責任中心。

一、責任中心的定義

責任中心（responsibility center）通常是採分權化管理，為了適當集中控制而產生的管理控制系統。亦指由企業內各部門依其性質區分數個不同的責任單位，經由上下之間參與及溝通來訂立各責任單位之成本、收入、利潤與投資的目標，然後分別授權予各責任中心的管理者負責，以達成責任目標，並且建立一套評估各責任中心績效之衡量標準，各責任中心應及時提供適當績效報告給各責任中心管理者及其上級管理者，以作為考核與獎懲之依據，藉以達成管理控制制度的目的。

二、責任中心的類型

係指負有某種既定作業之任何企業部門單位，而由此責任中心的管理者負責。再者管理者的層級越高，則所負責之責任中心範圍越大。根據管理者所負責之作業，Horngren et al.(2017) [3] 認為責任中心的種類可以劃分為成本中心、收益中心、利潤中心與投資中心等四類。茲將此四個責任中心有關概念說明如下：

(一) 成本中心（cost center）

所謂的成本中心乃指各單位主管對收入無控制能力，而對成本有控制能力者，或各該單位無法合理地精確衡量投入、產出之關係者，其考核重

---

3 Horngren, C. T., S. M. Datar, and G. Foster. 2017 Cost Accounting-A Managerial Emphasis. New Jersey: Prentice-Hall.

點在於彈性預算範圍內對各項成本的控制，發揮最大的效能，以達到最低成本之目的。

(二) 收益中心（revenue center）

是指各該單位主管僅對收入有控制能力，但對產品的生產成本無法控制。以「商品的銷售或勞務的提供」作為責任中心的主體，其目標是在既定的銷貨成本與費用預算內，爭取最大的收益，在該中心主管的督導下，配合企業體的行銷策略並激勵從業人員，以獲取最大的銷售量共創佳績。考核的重點在於銷售目標的達成與銷售費用的控制。

(三) 利潤中心（profit center）

指各單位主管對收入及有關成本皆有控制的能力，即對產品的生產效率、成本數字、銷售之單價與數量皆有控制能力。其考核重點在於收入、成本、利潤之數字及其之間的關係。

(四) 投資中心（investment center）

指各單位主管對收入、成本、利潤與投資資源皆有控制能力，為權限最大的責任中心。考核重點即為衡量投資中心的績效，其評估方法如：剩餘利潤法或附加經濟價值法。

成會焦點

慶鴻機電利潤中心的實施

隨著產業的製造技術與設備朝向高精度且自動化的發展，加上現今對客製化及環保、效率的需求不斷提升，工具機業就成為重要的價值推手。自 1975 年創立的慶鴻機電工業公司，多年來就在追求創新研發的投入和堅持之下，不只成為臺灣放電加工機與線切割機的領導廠商，更是創造國際競爭優勢、引領產業成長的關鍵。

圖片來源：慶鴻機電官網

同時，為了與員工共享經營成果，慶鴻機電採行了利潤中心制，包括每一季的稅前毛利和每一年度的稅後盈餘，都會提撥固定比例分享給員工，讓真正努力付出且創造價值的員工能夠獲得回饋，在這種全員經營的模式下，即使是受到金融海嘯衝擊的 2009 年，慶鴻機電仍持續獲利，而且還是國內少數幾乎每年都有調薪的企業。

資料來源：天下雜誌

17-3 績效衡量系統之意義

傳統績效衡量只著重財務績效，但是財務績效本身屬於一種「產出」性質，往往僅代表策略績效之某一部份結果。在財務績效準則之導引下，人們通常只重視短期而具體之效果，忽略了長期和整體效果。因此，企業若純粹使用傳統單一財務性指標，會使經理人過分強調短期會計報酬，無法兼顧企業長短期績效與企業整體發展。所以，企業在進行績效衡量時，不能只關注管理活動的單一焦點。

績效衡量系統應作為組織策略與活動的溝通橋樑，並監督營運結果；且能提供持續性的回饋給各管理階層，使高階主管的願景轉化成中階主管的策略目標，並且透過簡單的指標來傳達訊息給組織成員，透過持續性的學習與改善，以符合顧客的需要及期望。此外，績效衡量系統乃是由上而下進行溝通策略與目標開始，而回饋的過程正可以持續評估整個作業程序是否與策略目標一致，結果是否達成組織所要求的目標水準。因此績效衡量系統不僅要和公司所發展的策略相呼應，還要創造學習的機會，幫助公司順應競爭環境的改變。

因此績效衡量系統應為一個持續性的機制，非針對單一構面，並且有效連結企業組織之目標與策略，整合組織各部門的目標，並落實員工之作業績效的考核且給予及時的回饋獎勵，方為當前組織所追求的績效衡量系統。

在績效衡量文獻中，最常被引用的績效衡量系統則為平衡計分卡（balanced scorecard；BSC）。BSC 最初是為彌補前述的幾種績效衡量

指標的缺點而設計，但後來 BSC 的概念漸漸發展成一種策略管理系統，BSC 不僅只是使用較多的衡量方式；其意味著在單一報導中一起置入少量「策略」的關鍵衡量因素。BSC 將績效衡量和公司策略目標相結合，可使策略目標轉化為可衡量的指標，以幫助公司改善績效。同時，這些系統可使員工瞭解他們的行動和績效衡量如何轉化成公司所想達成的的績效，並且也可將立即衡量指標（例如：顧客滿意度）和長期、落後的績效指標（例如：投資報酬率）相結合。

平衡計分卡的目標和量度，由組織的願景與策略衍生而來，它透過以下四個構面來考核、改善組織的績效：[4]

（一）財務（financial）構面

顯示策略如何促使企業成長、提高獲利、控制風險而創造股東報酬的價值，衡量指標如：營業利益、銷貨成長率、投資報酬率、附加經濟價值、新產品的收入、邊際毛利百分比等。

（二）顧客（customers）構面

顯示從顧客的角度，企業如何為顧客創造價值且與其他競爭者有所差異，衡量指標如：市場佔有率、顧客滿意度、準時送貨率、顧客報怨數等。

（三）企業內部流程（internal business processes）構面

依據策略的優先順序決定關鍵性的業務運作流程，使其能達成顧客與股東的滿意，衡量指標如：生產力、製造產能、整備時間、售後服務成本走勢、新產品或服務的數量等。

（四）學習與成長（learning and growth）構面

顯示如何創造使組織不斷創新和成長的環境及氣候，衡量指標如：員工滿意度、員工週轉率、新專利權獲取數、員工教育訓練時數、電腦資訊系統可用性…等。

4　Kaplan, R. S. & D. P. Norton. 1999. 平衡計分卡：資訊時代的策略管理工具，臉譜出版。

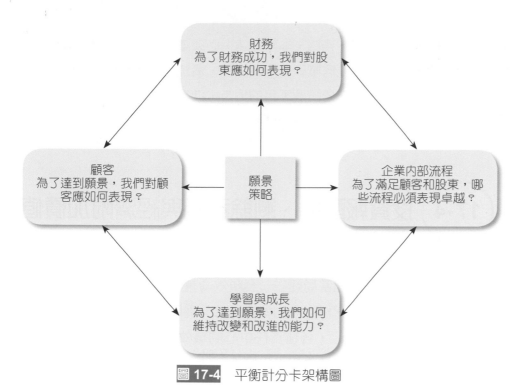

圖 17-4 平衡計分卡架構圖

　　平衡計分卡經由整合財務、顧客、內部流程、創新與學習等觀點,幫助經理人了解許多互動關係,讓經理人突破傳統上各部門間的障礙。此外,使用平衡計分卡的經理人,不必把短期的財務指標當作是公司績效唯一的指標,它可引進 (1) 轉化願景;(2) 溝通與連結;(3) 業務計畫;(4) 回饋與學習等四項新的管理流程將長期策略目標與短期行動相連結,並且由顧客、內部流程、創新與學習這三個觀點來監督短期的結果。

成會焦點

導入平衡計分卡

　　全球整體經濟不佳,臺灣近幾年資訊科技產業出貨量下滑甚至是負成長,臺灣微軟分公司受到直接的挑戰,但在這不景氣的年代,微軟營收成長率居然還是兩位數。臺灣微軟總經理蔡恩全,跟著全球推行平衡計分卡,徹底執行。

圖片來源:臺灣微軟公司的照片

目前市場充斥著許多產品、軟體、通路，非常複雜，必須謹慎的訂定目標，以利目標的執行、完成與差異的例外管理。臺灣微軟每一個流程，清楚地設定目標，那個環節與標準有所落後，透過平衡計分卡可充分瞭解不足的地方，進行管理，亦可透過平衡計分卡，做跨單位、跨市場的比較，可向其他產業的標竿公司進行學習。

17-4 投資報酬率、剩餘利潤與經濟附加價值

企業在設立責任中心後，不同型態的責任中心皆有其應發揮的效能與預期欲達到之目標，管理當局建立一套績效衡量系統，來衡量各責任中心與各部門主管的績效。責任中心的型態通常分為四種：成本中心、收入中心、利潤中心、投資中心，各種責任中心的績效衡量在第 11 章有詳細的介紹，在此不加以贅述。績效報告為績效評估與管理控制的依據，將其實際數與預計數做一比較，亦可提醒部門主管注意問題，以採取行動進行改善。

投資中心的績效評估指標通常可以分為投資報酬率、剩餘利潤與附加經濟價值，三種指標各有其應用的優缺點，請見下面相關介紹。

一、投資報酬率

投資報酬率（return on investment；ROI），係指投資方案所獲得之利益與投資額之比率，其計算公式如下：

$$投資報酬率（ROI）= \frac{利潤}{投資額}$$

釋 例

佳年投資台中公司債券 $200,000，預期未來每年可獲得利息收入 $18,000，其投資報酬率為 9%，計算式如下：

$$投資報酬率（ROI）= \frac{\$18,000}{\$200,000} = 9\%$$

亦可將 ROI 應用在評估投資中心的績效上，其計算方式如下：

$$投資報酬率（ROI）= \frac{利潤}{投資中心之資產}$$

依杜邦分析模式可將投資報酬率分解如下：

$$投資報酬率（ROI）= \frac{利潤}{銷貨收入} \times \frac{銷貨收入}{投資中心之資產}$$

$$= 利潤率 \times 資產週轉率$$

利潤率（return on sales）表示投資中心控制成本之能力，若利潤率愈大，則代表獲利能力愈高；資產週轉率（asset turnover）表示投資中心創造收入的能力，若投資週轉率愈大，則代表投資報酬率愈高。由杜邦分析模式可以瞭解若想提高投資報酬率，方法有三：(1) 增加銷貨收入、(2) 降低成本以增加利潤、(3) 減少投資金額或處分閒置資產。企業的經濟資源都是有限，當某一投資部門的投資報酬率較低時，即可將此部門的資金移往投資報酬率較高的部門，以追求投資報酬率最大化。

釋 例

瑞展公司越南廠投資中心之投資相關資料如下，以杜邦分析模式 ROI 說明。

銷貨收入	$1,000,000
營業淨利	150,000
營業資產	500,000

以上述資料，計算瑞展公司越南廠投資中心的利潤率、資產週轉率如下：

$$利潤率 = \frac{營業淨利}{銷貨收入} = \frac{\$150,000}{\$1,000,000} = 15\%$$

$$資產週轉率 = \frac{銷貨收入}{營業資產} = \frac{\$1,000,000}{\$500,000} = 2$$

$$投資報酬率 = 利潤率 \times 資產週轉率 = 15\% \times 2 = 30\%$$

1. 投資報酬率的優點

   投資報酬率之優點為能反映部門績效，作為一綜合性的評估，亦可督促投資中心資產的運用且計算簡易又具有比較性。

2. 投資報酬率的缺點

   投資報酬率的缺點則為忽略貨幣的時間價值、只重視財務性因素，而忽略非財務因素的重要性、亦可能作出反功能決策。

二、剩餘利潤

　　企業以投資報酬率來評估部門績效時，投資報酬率愈高，其部門績效愈好，在這種情況下，部門主管可能為了維持自已部門的投資報酬率，而拒絕一些新投資方案，但這些新投資方案對公司整體而言是有利的。為了避免部門主管做出反功能決策，故有剩餘利潤（residual income；RI）的觀念，為投資方案所獲得的淨利減去最低報酬率後所剩餘的利潤數，其公式計算如下：

> 剩餘利潤＝營業淨利－最低報酬
> 　　　　＝營業淨利－投資額 × 最低報酬率（或資金成本率）

　　在剩餘利潤的觀念下，只要是剩餘利潤大於零，都是值得進行的投資方案，故採用剩餘利潤符合目標一致性的原則，可使部門主管追求利潤最大化而非僅是提高該部門的投資報酬率而已。

▅ 釋 例 ▅

　　瑞展公司目前之營業淨利為 $200 萬，營業資產為 $1,000 萬。瑞展公司的營業部門評估，若擴展公司營運據點，則需增加營業資產 $2,000 萬，營運利益增加 $310 萬，且最低報酬率為 10%，則瑞展公司是否該進行這項計畫？

$$擴展前 ROI = \frac{\$200萬}{\$1,000萬} = 20\%$$

$$擴展後 ROI = \frac{\$510萬}{\$1,000萬 + \$2,000萬} = 17\%$$

$$擴展前 RI = 200 萬 - 1,000 萬 \times 10\% = 100 萬$$

$$擴展後 RI = 510 萬 - 3,000 萬 \times 10\% = 210 萬$$

　　若瑞展公司以投資報酬為部門績效的評估基礎，因擴展後投資報酬率較未擴展前的低，部門為了怕進行擴展計畫而使績效下降，故偏好不進行擴展計畫。但若以剩餘利潤為部門績效的評估基礎，擴展後較擴展前增加利潤 $110 萬（$310 萬－ $200 萬），部門主管就會樂意進行擴展計畫，就瑞展公司整體而言，進行此項計畫是有利的，採用剩餘利潤使公司目標有一致性，就不會使各部門主管做出反功能決策。

1. 剩餘利潤的優點

   剩餘利潤可合理衡量部門主管績效、依不同性質資產採用不同資金成本來評估，可避免部門主管拒絕對公司整體有利的決策。

2. 剩餘利潤的缺點

   剩餘利潤的缺點為忽略貨幣的時間價值、剩餘利潤為一絕對數字，容易受到投資額所影響，不同規模部門、公司無法客觀衡量、各公司所要求最低報酬不盡相同，故難以互相比較、只重視財務因素，忽略非財務因素的重要性。

三、經濟附加價值

經濟附加價值（economic value added：EVA）為衡量投資中心績效的一項新指標，其觀念大致上與剩餘利潤相同，其重點在於衡量投資中心的主管，是否有效的運用部門之營運資金與固定資產且加入稅率的考量。其計算公式如下：

經濟附加價值（EVA）
＝稅後營業淨利 － [加權平均資金成本率 ×（總資產－流動負債）]

公式中的加權平均資金成本（weighted-average cost of capital：WACC），係指公司使用長期資金的稅後成本率，長期資金來源包括長期負債、股東權益項下的特別股、普通股與保留盈餘，故加權平均資金成本的計算公式如下：

$$加權平均資金成本率（WACC）＝\frac{長期負債成本＋權益資金成本}{長期負債＋業主權益的公平市價}$$
$$＝\frac{長期負債×利率×(1－稅率)＋(業主權益×權益資金成本率)}{長期負債＋業主權益的公平市價}$$

公式中計算加權平均資金成本時，所使用業主權益是以公平市價衡量的，而非按其帳面價值計算。權益資金成本包含特別股的資金成本、普通股的資金成本與保留盈餘的資金成本。特別股的資金成本為股利除以市價，普通股與保留盈餘資金成本為減除所得稅與特別股股利後之預計每股盈餘除以市價即可求得。

釋 例

以瑞展公司為例，說明經濟附加價值的計算：

表 17-1　瑞展公司 20X9 年 12 月 31 日資產負債表

瑞展公司
資產負債表
20X9年12月31日

流動資產	$	600,000	流動負債	$	400,000
			長期負債		600,000
固定資產		1,200,000	負債總額	$	1,000,000
			業主權益		800,000
總資產	$	1,800,000	負債及業主權益合計	$	1,800,000

瑞展公司 20X9 年稅前淨利 $350,000，長期負債之利率為 12%，所得稅稅率為 25%，權益資金成本率 16%，業主權益之帳面價值等於公平價值，則瑞展公司之加權平均資金成本率如下：

$$\text{WACC} = \frac{[\$600{,}000 \times 12\% \times (1-25\%) + (\$800{,}000 \times 16\%)]}{\$600{,}000 + \$800{,}000} = 13\%$$

經濟附加價值計算如下：

$$\text{EVA} = \$350{,}000 \times (1 - 25\%) - [13\% \times (\$1{,}800{,}000 - \$400{,}000)]$$
$$= \$80{,}500$$

平衡計分卡的導入與 KPI 指標之應用案例

　　瑞展公司為因應現代化的管理，佳年首先推動企業資源系統，並導入平衡計分卡，以強調績效管理的重要性。佳年為了平衡計分卡的導入，在會議上和各部門經理互相討論。

　　佳年與部門經理互相討論後，設定了瑞展公司的目標。短期而言，建立作業優勢，透過內部生產力的提升及供應鏈的管理，使瑞展企業可以提供高效率、零瑕疵的產品及服務；長期而言，開創銷售優勢、開發新產品並拓展新的市場為瑞展公司提供更大的利益。瑞展公司設定目標之後，則依策略目標的內容，來設計關鍵績效衡量指標（key performance indicator；KPI）。就財務構面來看，策略目標是提高公司的獲利能力，衡量指標則可定為削減產品成本、提高收入；顧客構面來看，策略目標為拓展新市場，衡量指標則可定為新顧客的來源，與現有顧客保持良好的關係…等。

問題：

　　試以某一產業的企業為例，設計出一套平衡計分卡。應描述該產業的競爭發展情勢，發展該個案公司的願景與目標，選定執行策略並且與 KPI 連結，並且說明應如何有效落實平衡計分卡的功能。

討論：

　　平衡計分卡幫助瑞展公司的管理人員思考目標和願景，平衡瑞展公司的財務與非財務構面、長期與短期目標，且透過量表予以衡量績效，利用平衡計分卡來告知員工如何往目標邁進，再加以連結個人與企業的目標，以達到企業整體的目標。平衡計分卡的落實十分重要的，這關係著個人與企業整體目標的達成與否，落實方法為將執行面轉換成為語言、日常工作加以落實、由高階管理階層帶動變革等。

　　策略為企業如何管理所面對的外部競爭，傳統可分為三個層次：公司策略、事業策略、功能策略，此外本章另額外加入新策略的探討－藍海策略的發展。管理控制系統的要素則包含策略規劃、預算、資源分配、績效衡量、績效評估、績效獎酬、責任中心劃分分配和移轉計價等。當企業追求不同的事業策略時，所需的策略性管理系統亦有所差異，如企業追求成本領導策略時，需要更詳細的成本資訊、不同生產技術的比較資訊等；若追求產品差異化策略時，則需要更詳細的新產品創新、研究發展支出費用等資訊

　　本章介紹三項投資中心的績效衡量指標，為投資報酬率、剩餘利潤與經濟附加價值。投資報酬率為投資方案所獲得之利益與投資額之比率；剩餘利潤為投資方案所獲得的淨利減去最低報酬率後所剩餘的利潤數；經濟附加價值其觀念大致上與剩餘利潤相同，其重點在於衡量投資中心的主管，是否有效的運用部門之營運資金與固定資產且加入稅率的考量。

　　傳統財務績效僅重視財務指標，管理人員過分強調短期的表現，忽略了長期整體發展。平衡計分卡最初僅為彌補財務量度不足而設計，後來則發展為一策略管理系統，將績效衡量與公司策略目標加以結合，平衡計分卡的目標與量度，由組織願景與策略發展而來，以財務構面、顧客構面、企業內部流程構面、學習與成長構面等四個構面來進行衡量。

本章習題

一、選擇題

( )1. 近年來許多企業應用平衡計分卡建立績效衡量系統，平衡計分卡可分為四個構面，下列選項中哪一項不屬於平衡計分卡的四個績效衡量構面？

(A) 財務　(B) 服務　(C) 學習與成長　(D) 內部流程。　　　（104 中華郵政）

( )2. 平衡計分卡方法（balance scorecard approach）的主要用途是：

(A) 利用財務槓桿平衡企業資產　　　　(B) 從不同構面評量組織績效

(C) 評估整體產業環境之優勢與劣勢　　(D) 提供客觀的人員考核標準。

　　　　　　　　　　　　　　　　　　　　　　　　　　　　（104 台電）

( )3. 平衡計分卡包括四個績效評估構面，其中「內部程序面」所強調的重點是：

(A) 建立售後服務程序，以提升顧客滿意度

(B) 建立適當的獎酬制度以激勵員工

(C) 提升獲利績效

(D) 強化資訊系統能力，以提供決策資訊。　　　　　　　（103 會計師）

( )4. 維維公司正規劃明年度的銷售預算，預計配置平均營運資產為 $500,000，產品平均售價 $20，變動成本與 固定成本分別為 $160,000 與 $100,000。公司要求之必要報酬率為 18%，若總經理要把明年的投資報酬率訂 到 20%，由於總經理的獎金為剩餘利潤（residual income）的 30%，則明年總經理的獎金預期有多少？

(A) $1,500　(B) $3,000　(C) $30,000　(D) 無獎金可領。　　（102 地特）

( )5. 乙公司 C 部門相關資料如下：

銷貨收入 $10,000,000；變動成本 $3,000,000；部門直接固定成本 $5,000,000；部門資本投資額 $2,000,000；要求最低資本報酬率 12%，請問 C 部門之剩餘利潤為何？

(A) $240,000　(B) $2,000,000　(C) $1,760,000　(D) $1,160,000。　（102 地特）

( )6. 假設劍橋公司的稅後淨利為 $50,000，投資報酬率（ROI）為 20%，則投資額應為何？

(A) $100,000　(B) $200,000　(C) $250,000　(D) $500,000。　　（95 高考）

(　) 7. 甲公司有 A、B 及 C 三個部門，已知公司長期資金來源有長期負債及股東權益兩種。長期負債市價為 $6,000,000，利率為 8%，權益市價則為 $9,000,000，資金成本為 10%，所得稅稅率為 25%。X9 年 A、B 及 C 三部門相關資料如下：

部門	資產總額	流動負債	稅前淨利	附加經濟價值
A	$6,500,000	$1,500,000	$800,000	？
B	7,000,000	1,500,000	？	$138,000
C	7,500,000	3,500,000	550,000	？

甲公司之加權平均資金成本為何？

(A) 6.9%　(B) 8.4%　(C) 9.2%　(D) 10%。　　　　　　　（106 高考）

(　) 8. 承上題，關於 A、B 及 C 部門之敘述，下列何者正確？

(A) 部門的附加經濟價值為 $200,000　(B) 部門的稅前淨利為 $800,000

(C) 部門的附加經濟價值為 $800,000　(D) 部門的附加經濟價值為 $214,000。

　　　　　　　　　　　　　　　　　　　　　　　　　　　（106 高考）

(　) 9. 分權化的公司通常會將組織劃分成多格責任中心，下列哪一種責任中心須負責的績效層面最廣？

(A) 成本中心　(B) 收入中心　(C) 利潤中心　(D) 投資中。　　　（106 地特）

(　) 10. 甲食品公司之遠東區事業部為一投資中心，甲公司之要求報酬率為 8%，遠東區事業部 X1 年之營運資訊如下：

營業收入　　$2,100,000

銷貨毛利　　840,000

銷管費用　　714,000

投入資本　　630,000

下列何者最接近遠東區事業部之投資報酬率及剩餘利益？

(A) 投資報酬率 6%，剩餘利益 $50,400

(B) 投資報酬率 6%，剩餘利益 $75,600

(C) 投資報酬率 20%，剩餘利益 $50,400

(D) 投資報酬率 20%，剩餘利益 $75,600。　　　　　　　　（106 地特）

二、計算題

1. 丁公司生產水龍頭且有 C 型及 D 型兩種產品。為了生產 C 型水龍頭，丁公司之期初資產為 $700,000，期末資產為 $900,000。製造 C 型水龍頭之其他成本如下：直接材料，每單位（個）$400；起動成本，每起動小時 $500；生產成本，每機器小時 $200；一般管理與銷售費用為 $120,000。假設當期生產 2,000 個 C 型水龍頭並全數銷售，使用 600 個起動小時數與 8,000 個機器小時數。每個 C 型水龍頭之售價為 $1,500。試作：

   (1) 若定義投資為期間的平均資產，則 C 型部門的投資報酬率（ROI 為何？）

   (2) 若丁公司要求 ROI 為 10%，則 C 型部門的剩餘利益（RI）為何？（103 關務特考）

2. 下列為竹坑公司 X 與 Y 兩個投資中心的資料，假設公司最低要求報酬率為 5%，試求空格 (1) ～ (8) 的數字 （100 高考）

	X	Y
營業淨利	(1)	(5)
銷貨收入	800,000	(6)
投資總額	(2)	(7)
利潤率	12%	9%
投資週轉率	1	(8)
投資報酬率	(3)	36%
剩餘利潤	(4)	62,000

3. 新竹公司由二家分店組成，此二分店 X5 之部份財務資料如下：（資產負債表數字為平均值）

	東南店	西北店	合計
總資產	$3,000,000	$7,000,000	$10,000,000
流動負債	500,000	1,500,000	2,000,000
長期負債			4,500,000
股東權益			3,500,000
股東權益市價			5,500,000
稅前淨利	400,000	935,000	1,335,000

請問：

   (1) 此二家分店之投資報酬率（Return On Investment）為何（以稅前淨利及長期資金為基礎）？

(2)在必要報酬率爲 15% 下，此二家分店剩餘利潤（Residual Income）爲何（以稅前淨利及長期資金爲基礎）？

(3)該公司之資金成本率分別爲：長期負債利率 12%、權益資金成本 14%，又公司所得稅稅率爲 30%，該公司加權平均資金成本爲何？

(4)此二家分店之經濟附加價值（Economic Value Added；EVA）爲何？　　（96 中正）

4. 丙公司是經營連鎖餐飲，公司於去年上興櫃，公司主要資金來源有長期負債，其市值及面值爲 $32,000,000，利息 2%，而權益市值爲 $18,000,000，其帳面價值爲 $8,000,000，權益資金成本爲 10%，該公司所得稅率爲 30%，公司有東、西、南、北四個區域餐飲中心，採用利潤中心，其本年度的經營狀況如下：

	營業利益	總資產	流動負債
東	$1,750,000	$11,500,000	$2,500,000
西	2,400,000	9,000,000	3,500,000
南	4,675,000	27,500,000	9,500,000
北	4,200,000	25,000,000	8,000,000

試作：

(1)請計算丙公司的加權資金成本。

(2)請計算每一區域中心的經濟附加價值。

(3)若公司的必要報酬率要求爲 10%，則東、西、南、北四個區域餐飲中心的總剩餘利益爲何？

(4)若丙公司重視每一元資產投資產生的效益，則那一個區域餐飲中心績效最好？
（105 關務特考）

5. 下列爲竹坑公司 X 與 Y 兩個投資中心的資料：

	X	Y
營業淨利	--	(3)
銷貨收入	800,000	(4)
營業資產	(1)	--
利潤率	12%	9%
資產周轉率	1	(5)
投資報酬率	--	36
剩潤利潤	(2)	62,000

(1)假設公司要求的最低報酬率為 5%，試問：表格中的（1）至（5）的正確數據為何？

(2)根據你計算的數據，試分析 X 與 Y 兩個投資中心何者表現略遜一籌？如果身為該中心的主管，你應如何改善該中心的績效？　　　　　　　（100 高考）

6. 丁公司生產水龍頭且有 C 型及 D 型兩種產品。為了生產 C 型水龍頭，丁公司之期初資產為 $700,000，期末資產為 $900,000。製造 C 型水龍頭之其他成本如下：直接材料，每單位（個）$400；起動成本，每起動小時 $500；生產成本，每機器小時 $200；一般管理與銷售費用為 $120,000。假設當期生產 2,000 個 C 型水龍頭並全數銷售，使用 600 個起動小時數與 8,000 個機器小時數。每個 C 型水龍頭之售價為 $1,500。

試作：

(1)若定義投資為期間的平均資產，則 C 型部門的投資報酬率（ROI）為何？

(2)若丁公司要求 ROI 為 10%，則 C 型部門的剩餘利益（RI）為何？（103 關務特考）

7. 丙公司計畫投資 2,000 萬元購入設備，使用年限 3 年，採直線法折舊，估計 3 年後可依殘值 500 萬元賣出該設備；前述 2,000 萬元將全部自銀行融資，利率 6%。預計該設備生產產品年銷售量 100 萬個，單價 300 元，單位變動成本 250 元，含折舊費用之固定成本為 1,000 萬元，公司所得稅率 25%，股東所需報酬率 11.5%，預估負債比率為 50%，請問：加權平均資金成本為多少？（100 年經濟部所屬事業機構新進人員甄試）

8. 由 Kaplan & Norton（1992）所提出的平衡計分卡，提倡管理及評估企業績效應由四個構面來衡量。請問這四個構面為何？　　　　　　　（105 台灣港務公司）

9. 請說明平衡計分卡的主張及內涵。　　　　　　　　　（103 鐵路特考）

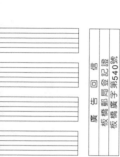

歡迎加入 全華會員

■ 會員獨享

會員享購書折扣、紅利積點、生日禮金、不定期優惠活動…等。

■ 如何加入會員

填妥讀者回函卡直接傳真 (02) 2262-0900 或寄回，將由專人協助登入會員資料，待收到 E-MAIL 通知後即可成為會員。

如何購買 全華書籍

1. 網路購書

全華網路書店「http://www.opentech.com.tw」，加入會員購書更便利，並享有紅利積點回饋等各式優惠。

2. 全華門市、全省書局

歡迎至全華門市（新北市土城區忠義路 21 號）或全省各大書局、連鎖書店選購。

3. 來電訂購

(1) 訂購專線：(02) 2262-5666 轉 321-324
(2) 傳真專線：(02) 6637-3696
(3) 郵局劃撥（帳號：0100836-1 戶名：全華圖書股份有限公司）
※ 購書未滿一千元者，酌收運費 70 元。

OpenTech.com.tw 全華網路書店

全華網路書店 www.opentech.com.tw
E-mail: service@chwa.com.tw

※ 本會員制度如有變更則以最新修訂制度為準，造成不便請見諒。

讀者回函卡

填寫日期： / /

姓名： 生日：西元 年 月 日 性別：□男 □女

電話：（ ） 傳真：（ ） 手機：

e-mail：（必填）

註：數字零，請用 Φ 表示，數字 1 與英文 L 請另註明並書寫端正，謝謝。

通訊處：□□□□□

學歷：□博士 □碩士 □大學 □專科 □高中・職

職業：□工程師 □教師 □學生 □軍・公 □其他

學校／公司： 科系／部門：

· 需求書類：
□ A. 電子 □ B. 電機 □ C. 計算機工程 □ D. 資訊 □ E. 機械 □ F. 汽車 □ I. 工管 □ J. 土木
□ K. 化工 □ L. 設計 □ M. 商管 □ N. 日文 □ O. 美容 □ P. 休閒 □ Q. 餐飲 □ B. 其他

· 本次購買圖書為： 書號：

· 您對本書的評價：
封面設計：□非常滿意 □滿意 □尚可 □需改善，請說明
內容表達：□非常滿意 □滿意 □尚可 □需改善，請說明
版面編排：□非常滿意 □滿意 □尚可 □需改善，請說明
印刷品質：□非常滿意 □滿意 □尚可 □需改善，請說明
書籍定價：□非常滿意 □滿意 □尚可 □需改善，請說明
整體評價：請說明

· 您在何處購買本書？
□書局 □網路書店 □書展 □團購 □其他

· 您購買本書的原因？（可複選）
□個人需要 □幫公司採購 □親友推薦 □老師指定之課本 □其他

· 您希望全華以何種方式提供出版訊息及特惠活動？
□電子報 □DM □廣告（媒體名稱 ）

· 您是否上過全華網路書店？（www.opentech.com.tw）
□是 □否 您的建議

· 您希望全華出版那方面書籍？

· 您希望全華加強那些服務？

~感謝您提供寶貴意見，全華將秉持服務的熱忱，出版更多好書，以饗讀者。

全華網路書店 http://www.opentech.com.tw 客服信箱 service@chwa.com.tw

2011.03 修訂

親愛的讀者：

感謝您對全華圖書的支持與愛護，雖然我們很慎重的處理每一本書，但恐仍有疏漏之處，若您發現本書有任何錯誤，請填寫於勘誤表內寄回，我們將於再版時修正，您的批評與指教是我們進步的原動力，謝謝！

全華圖書 敬上

勘 誤 表

書 號			
頁 數	行 數	書 名	作 者
		錯誤或不當之詞句	建議修改之詞句

我有話要說： （其它之批評與建議，如封面、編排、內容、印刷品質等・・・・）